Martin Deckart

Freizeit mit dem Mikroskop

Im Falken-Verlag sind weitere interessante Bücher für Hobbywissenschaftler
erschienen, darunter:
„Mineralien, Steine und Fossilien" (Nr. 0437)
„Astronomie als Hobby" (Nr. 0572)
„Münzen – Ein Brevier für Sammler" (Nr. 0353)

ISBN 3 8068 0291 2

© 1988 by Falken-Verlag GmbH, 6272 Niedernhausen/Ts.
Umschlagfoto und Abbildungen vom Autor
Die Ratschläge in diesem Buch sind von Autor und Verlag sorgfältig erwogen
und geprüft, dennoch kann eine Garantie nicht übernommen werden.
Eine Haftung des Autors bzw. des Verlages und seiner Beauftragten für
Personen-, Sach- und Vermögensschäden ist ausgeschlossen.
Gesamtherstellung: Neuwieder Verlagsgesellschaft mbH, Neuwied

17029172X151 413

Inhaltsverzeichnis

Vorwort

Es gibt viele Steckenpferde und Liebhabereien. Ihnen allen gemeinsam ist das Kennzeichen: Man *muß* nicht, sondern man *darf*.
Viele von ihnen sind mit einer körperlichen, handwerklichen oder geistigen Anstrengung verbunden. Manches Steckenpferd verlangt auch ein Studium besonderer Dinge, die wir in unserem Beruf oft nur widerstrebend auf uns nehmen. Trotzdem wird es mit einer großen Begeisterung getan, weil wir nicht dazu gezwungen werden. Eine Liebhaberei kann mit Aufgaben mancher Art verbunden sein.
Man kann Bierdeckel, Briefmarken oder Schmetterlinge sammeln, fotografieren oder eine eigene kleine Sternwarte aufbauen und darin Sonne, Mond und Sterne beobachten. Besonders reizvoll wird das Steckenpferd dann, wenn es uns neue Erkenntnisse verschafft und manches unerwartete Wunder erschließt, wie es beispielsweise in der Mikroskopie der Fall ist.
Es ist erstaunlich, daß das Mikroskopieren als Liebhaberei bis heute nur verhältnismäßig wenig Anhänger gefunden hat. Diese Tatsache mag damit zusammenhängen, daß die Anschaffung eines Mikroskopes als sehr kostspielig angesehen wird. Dem ist aber keineswegs so. Es gibt heute einfache und preiswerte Instrumente, mit denen ein erster Anfang gewagt werden kann. Hat sich dann die Begeisterung eingestellt, kann man wie beim Fotoapparat zu etwas Vollkommenerem übergehen. Aber auch das ist nicht teurer als z. B. eine gute Foto- oder Filmkamera. Auch läßt sich ein gut überlegter Anfangskauf durch weitere Zubehörteile jederzeit ergänzen.
Manche mögen argumentieren, daß es beim Mikroskopieren ohne eine ausreichende Vorbildung und ohne eine Menge technischer Fähigkeiten nicht geht. Der Inhalt dieses Buches soll dazu beitragen, vom Gegenteil dieser Auffassung zu überzeugen.
Wer sich z. B. die Leuchtziffern seiner Armbanduhr ansehen will, um in ihnen Zeugnisse vom Atomzerfall zu beobachten oder Kristalle, die sich aus einem Tröpfchen Salzlösung bilden, die Vielfalt kleiner Tiere und Pflanzen in einem Glas Teichwasser, Mückenlarven, Samenkörner usw., der braucht weder wissenschaftliche Vorbildung noch technische Geschicklichkeit. Und hat ihn die Sache erst einmal gepackt, wird er sich nach und nach das Erforderliche aneignen, genau wie der Briefmarkensammler, der dann zum Atlas und Geschichtsbuch greift.

Es wird in diesem Buch ganz bewußt Abstand genommen von der Beschreibung auch nur einigermaßen komplizierter und schwieriger Verfahren. Wer eben erst in die Mikroskopie einsteigt, soll sich nicht z. B. mit der Herstellung von Schnitten durch pflanzliche oder gar tierische Gewebe plagen. Schnitte sind zunächst etwas Abstraktes und verlangen ein räumliches Einfühlungsvermögen im Gegensatz zu der unmittelbaren Ansicht ganzer Organismen oder ihrer Teile. Zudem erfordern sie, wenn sie ansehnlich sein sollen, die Benutzung eines Mikrotoms, wobei ein vergleichbar billiges Handmikrotom nur auf begrenzten Gebieten hilft. Da sie den Wunsch nach Verarbeitung zu Dauerpräparaten wecken, erfordern sie nicht nur eine Färbung, sondern schließlich eine viele Chemikalien erfordernde Entwässerung und Einbettung. Auch an die recht mühselige Herstellung von Dünnschliffen durch Knochengewebe oder Mineralien soll sich der Liebhaber zunächst nicht machen. – Solche z. T. wunderschöne Dauerpräparate liefern viele Lehrmittelhandlungen, und diese können neben ganz einfach herzustellenden den Grundstock einer Sammlung von Dauerpräparaten bilden. Vielleicht treibt uns später der Drang, uns selbst an der Herstellung einfacher Schnittpräparate von Pflanzenteilen mit der Rasierklinge zwischen Holundermark zu versuchen. Dann mag man weiter sehen.

Eine gewisse Abneigung gegen das Mikroskop mag damit zusammenhängen, daß der Anfänger (z. B. der Student der Zoologie oder Botanik) schon zu Beginn mit abstrakten Objekten beschäftigt wird, ohne vorher oder gleichzeitig dieses wunderbare Instrument auf Dinge von leidlich bekanntem Aussehen gerichtet zu haben.

So muß man leider auch denen recht geben, die die meisten der bekannten Lehrbücher der Mikroskopie *für den Anfänger und Liebhaber* auf diesem Gebiet als ungeeignet ansehen. Zur Entschuldigung sei jedoch gesagt, daß es sich hierbei um Lehrbücher für den beruflich mit dem Mikroskop Arbeitenden handelt. Gewiß wirkt es abschreckend, wenn solche Lehrbücher mit ausführlichen optisch-theoretischen Dingen über das Mikroskop beginnen, wenn Einzelheiten über Fixierlösungen für Tier- und Pflanzenteile erörtert werden, wenn es weitergeht mit der Einbettungstechnik in Paraffin und Celloidin, mit der schwierigen Mikrotomtechnik, mit Hunderten von Färbemethoden und wenn erklärt wird, welche Mühe und Geduld dazu gehört, etwa einen Dünnschliff durch einen Knochen oder ein Mineral herzustellen.

Zwar sollte der Liebhaber-Mikroskopiker zu einem späteren Zeitpunkt einiges von diesen Dingen wissen, in die er im Verlauf seiner Arbeiten fast unbewußt hineinwächst. Er wird dann gerne zu einem Lehrbuch greifen, welches ihn tiefer in die Geheimnisse der Mikroskopie hineinführt. Für die erste Zeit aber braucht er davon so gut wie nichts. Schon wenn er sich nur einfachster Hilfsmittel bedient, kann er durch das Hineinsehen in das Mikroskop tausend ungeahnte Wunder erleben, ohne sich mit technischen oder wissenschaftlichen Zusammenhängen zu befassen.

Mancher Amateur-Mikroskopiker wird neben den vielen Präparaten, die er sich ohne technische Kunstgriffe leicht selbst herstellen kann, gelegentlich den Wunsch haben, ein gutes und schöngefärbtes Dauerpräparat eines Mikrotomschnittes zu besitzen. Eine kleine oder größere Sammlung derartiger Objekte, die es an vielen Stellen zu kaufen gibt, macht viel Freude. Sie sind nicht viel teurer als Farbkopien. Ihr Erwerb ist allerdings ein wenig Vertrauenssache.

Selbstverständlich soll der Wert und die Bedeutung der mikroskopischen Schneide-, Einbettungs- und Färbetechnik nicht bestritten oder herabgesetzt werden. Die Wissenschaft kann ohne sie nicht auskommen. Der Amateur aber, der die Mikroskopie als Steckenpferd betreibt, braucht diese Kenntnis zunächst nicht. Für ihn gibt es tausenderlei Dinge, die technisch keine Anforderungen stellen und die es gestatten, in wenigen Sekunden ein Präparat herzustellen, dessen Wunder auch bei langer Betrachtung nicht auszuschöpfen sind.

Gewiß wird sich mancher Liebhaber schließlich auch an komplizierte Schnittpräparate heranmachen und seinen Ehrgeiz daran setzen, sie kunstvoll einzufärben. Ebenso wird er sich bemühen, auch andere mikroskopische Techniken zu üben und zu erlernen.

Die Reihenfolge, in der die verschiedenen mikroskopischen Techniken in diesem Buch beschrieben sind, mag im ersten Augenblick etwas bunt erscheinen. Es wurde versucht, von einfach herzustellenden Präparaten langsam zu den schwierigeren hinzuführen. Immer aber wurde Wert darauf gelegt, zunächst die Dinge „im Leben" zu zeigen, da der unmittelbare Eindruck des Lebendigen am ehesten geeignet ist, in uns die Ehrfurcht vor der Schöpfung zu wecken. Man darf nie vergessen, daß ein lebendiges Wesen (Pflanze oder Tier) durch sein Verhalten und die Tätigkeit seiner Organe eine große Anzahl von Informationen geben kann, die am Schnittpräparat (das wieder andere gibt) nicht mehr zu haben sind.

Kosten, Bau und Gebrauch des Mikroskops

Die Kosten dieses Steckenpferdes können für sehr vorsichtige Anfänger durchaus niedrig sein und unter DM 100,— bleiben. Auch für ernste Liebhaber betragen sie nicht mehr, als beispielsweise ein Foto-Amateur für eine gute Foto- oder Filmkamera aufwendet. Es gibt „Schüler-Mikroskope", mit denen der Anfänger schon viele Aufgaben durchführen und ausreichend feststellen kann, ob ihn die Mikroskopie auch als dauerndes Hobby fesselt und begeistert. Wenn nein, haben sich die Ausgaben für ihn in erträglichen Grenzen gehalten. Wird er aber gepackt von dieser Liebhaberei, so dürfte ihn der geringe Betrag, den er für erste Versuche mit einem einfachen Instrument aufgewendet hat, nicht reuen. Er wird sich dann bald eine bessere Ausrüstung anschaffen, die zu etwa DM 600,— bis DM 1 000,— erhältlich ist. Ein solches Mikroskop ist erweiterungsfähig und kann ihn durch Jahrzehnte fruchtbarer Tätigkeit begleiten. Wer von vornherein entschlossen ist, sich wirklich ernsthaft mit der Mikroskopie zu befassen, kann sich den Umweg über ein Schülermikroskop sparen. Er beschaffe sich mutig gleich das bessere Instrument, an dem er von Anfang an seine große Freude haben wird. Ein erheblicher Teil der Foto-Aufnahmen dieses Buches ist übrigens ohne Mikroskop mit Spiegelreflex-Kamera, Balgen und kurzbrennweitigen Objektiven hergestellt. Das sind z. T. sehr reizvolle Aufnahmen, die wegen der Größe ihres Bildfeldes dem normalen zusammengesetzten Mikroskop nicht zugänglich sind. Mancher Amateurfotograf könnte über solche Aufnahmen zur Benutzung des normalen Mikroskops hingeführt werden.

Grenzgebiete

Grenzgebiete
Der Liebhaberei mikroskopischer Betrachtung liegen Gebiete sehr nahe, die auch der Umwelt Kunde von unseren Beobachtungen geben können: Die Mikro-Fotografie, die Mikro-Kinematographie und die Projektion mikroskopischer Bilder. Wer an solchen Dingen Freude hat, dem wird es keine Schwierigkeiten bereiten, in dieses Neuland vorzustoßen, sobald er mit seinem Mikroskop vertraut geworden ist. Der Mikro-Fotografie wird ein größerer Abschnitt dieses Buches gewidmet sein.

Bau und Gebrauch des Mikroskops

Gewöhnlich betrachtet man im Mikroskop durchscheinende Objekte, obwohl es auch bei schwachen Vergrößerungen gut möglich ist, undurchsichtige Gegenstände im auffallenden Licht anzusehen. Ein „Revolver" trägt die Objektive verschiedener Vergrößerungen, die leicht gewechselt werden können. Sie erzeugen ein vergrößertes (wirkliches) Bild innerhalb des Mikroskops, welches durch ein zweites Linsensystem — das „Okular" — nochmals vergrößert wird. So ergeben die auf beiden Linsenfassungen eingravierten Vergrößerungszahlen miteinander multipliziert die endgültige Vergrößerung des gesehenen Bildes.

Die Stärke der Vergrößerung ist übrigens kein Maßstab für den Wert des Mikroskops und seiner Leistung. Die meisten und schönsten Informationen werden im allgemeinen durch schwache Vergrößerungen erzielt.

Okular

Ein Okular ist ein kleines Rohr, das in den Tubus eingehängt wird und unten sowie oben je eine Linse trägt. Es genügt, *ein* solches Okular mit etwa 8facher oder 10facher Vergrößerung zu besitzen. Stärkere Okulare geben zwar höhere Vergrößerungen, aber auch in ihnen sind nicht mehr Einzelheiten zu erkennen.

Besteht die Absicht, die mikroskopischen Bilder auch zu fotografieren, wird die Anschaffung eines „periplanatischen" bzw. Kompensations-Planokulars, also bildebnenden Okulars, empfohlen.

Brillenträger sollten sich trotz des etwas höheren Preises für ein „Brillenträger-Okular" entscheiden, damit beim Mikroskopieren die Brille nicht abgenommen werden muß. Ein Gummiring am Okular schützt dieses und die Brille vor Kratzern.

An ein Brillenträger-Okular braucht man das Auge nicht so nahe heranzubringen, um das Bild im Ganzen zu übersehen, daher kann man das auch durch die Brille. So werden astigmatische Augenfehler auch beim Einblick in das Mikroskop behoben. Zudem braucht man es nicht zu putzen, denn die (immer mit etwas Fett behafteten) Augenwimpern kommen nicht mit der Frontlinse in Berührung.

Natürlich ist ein zweiäugiger Mikroskoptubus mit zwei Okularen besser und bequemer als ein einäugiger, und wenn man an Mikrofotografie denkt, muß man schon an einen „Mikrofototubus" mit einem zusätzlichen Rohr zum Ansetzen der Kamera denken.

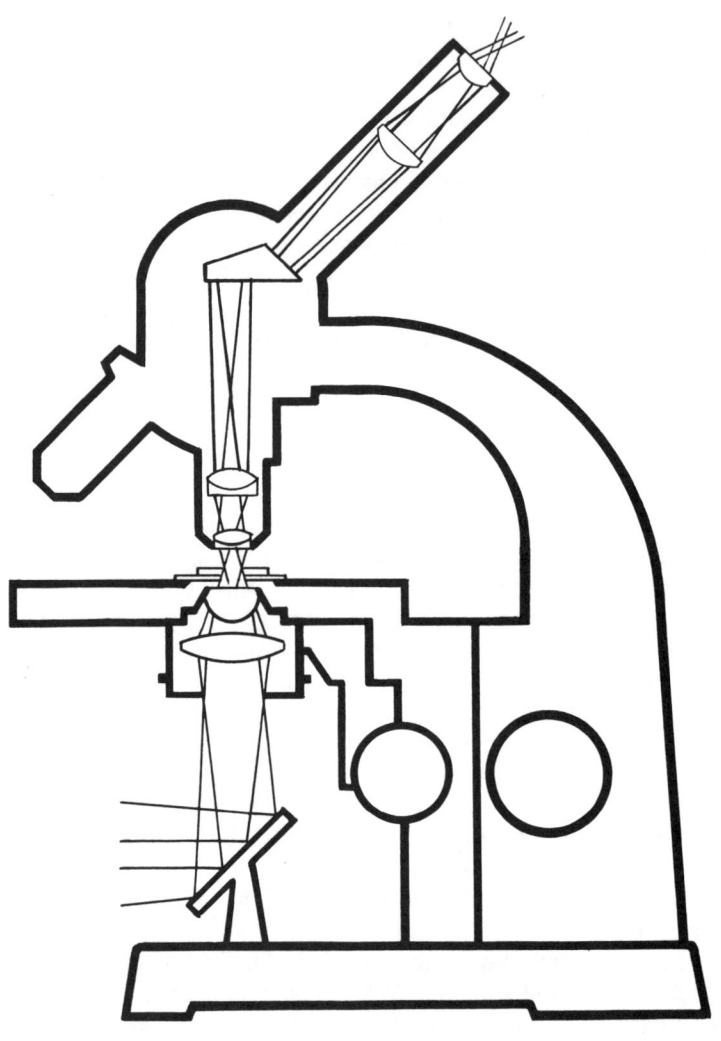

Strahlengang im Mikroskop.

Objektive

Mikroskop-Objektive haben — mit den in der Fotografie üblichen verglichen — recht große Öffnungen, umso weitere, je stärker sie vergrößern. Das Maß ihrer Öffnung wird — anders als in der Fotografie — als „numerische Apertur" bezeichnet und ist mit der Vergrößerungszahl eingraviert. Es sollte darauf geachtet werden, auch ein Objektiv für schwächste Vergrößerungen (2fach bis 3.5fach) zu haben. Mit der Anschaffung eines teuren „Immersionsobjektives" für stärkste Vergrößerungen wartet der Anfänger am besten, bis er sicher weiß, daß er es auch wirklich braucht und zu benutzen gedenkt. Von den diesem Buch beigegebenen Bildern sind nur wenige mit Immersionsobjektiven aufgenommen.

Phasenkontrastobjektive

Wer genau weiß, daß er der Mikroskopie treu bleibt, zunächst nur ein einfaches Instrument besitzt und mit dem Gedanken umgeht, sich etwas Vollkommeneres zu kaufen, dem sei geraten, sich folgendes zu überlegen: früher oder später taucht vielleicht der Wunsch nach einer Phasenkontrast-Apparatur auf. Will er diese anschaffen, so hat er nachher 2—4 Objektive (die normalen) übrig. Anstelle der normalen Objektive sollten deshalb evtl. gleich solche für Phasenkontrastarbeit genommen werden und zwar möglichst je eines für 10-fache, 20fache und 40fache Objektivvergrößerung. Sie lassen sich mit normalen Kondensoren genau so gut verwenden, wie mit einem Phasenkontrast-Kondensor. Dieser wäre später bei demselben Werk nachzubeschaffen. Diese Objektive sind zwar etwas teurer, dafür aber auch für Farbaufnahmen besonders gut korrigiert. Die geringe Schwächung der Apertur durch den Phasenring ist praktisch ohne Bedeutung. Das von Frits Zernicke erfundene Phasenkontrastverfahren ermöglicht es, in sehr vielen Fällen auch am lebenden Objekt Einzelheiten zu sehen, die sonst erst das tote gefärbte Präparat zeigt (beispielsweise Chromosomen), ist also gerade für den Liebhaber, der Leben sehen will, besonders wichtig.

Neben diesen 3 Objektiven ist außerdem ein ganz schwaches Objektiv sowieso nötig. Ein Immersionsobjektiv für stärkste Vergrößerungen aber kann warten, bis es ernstlich gebraucht wird.

Für die meisten Präparate kann die volle Öffnung der Objektive nicht ausgenutzt werden. Man muß abblenden. Die Blende befindet sich nicht in jedem einzelnen Objektiv, sondern für alle gemeinsam

im Kondensor, der in der Höhe verstellbar unter dem ‚Objekttisch' angebracht ist. Wenn man bei herausgenommenem Okular ins Mikroskop sieht, erkennt man im Objektiv das vom Kondensor projizierte Bild der Blende. Man nennt sie „Aperturblende". Das beste Bild ergibt sich im allgemeinen, wenn der Durchmesser der Blende etwa $\frac{1}{3}$ bis $\frac{1}{2}$ der dort sichtbaren Öffnung beträgt. Allerdings kommt es sehr auf die Art des Präparates an. Ohne jede Abblendung gehen die Einzelheiten meist in einer Fülle von Licht unter. Erst bei Abblendung beginnen sie hervorzutreten. Zu starke Abblendung ergibt zwar größere Tiefenschärfe und gesteigerte Kontraste, doch zeigen sich dann Doppelkonturen in den Einzelheiten und eine verminderte Abbildungsgüte. Man muß erst eine Anzahl Präparate angesehen haben, um ein Gefühl für die beste Abblendung zu bekommen. Dies ist ein sehr wichtiger Teil mikroskopischer Beobachtungskunst. Man übe immer wieder, bei jedem Präparat das richtige Abblendungsmaß zu finden. Auf keinen Fall sollte man die Aperturblende zur Regelung der Helligkeit benutzen, da es nur eine einzige richtige Stellung derselben für ein bestimmtes Präparat gibt.
Der Kondensor muß für verschiedene Objektive verschiedene Brennweiten haben. Man wähle deshalb von vornherein einen solchen mit einer Vorderlinse, die für schwächere Objektive ausgeklappt werden kann. Sonst muß beim Objektivwechsel jedes Mal der Kondensor herausgenommen und die Vorderlinse eingesetzt oder entfernt werden.

Gute Gewohnheiten
An zwei Dinge sollte sich der Anfänger sofort und mit unbedingter Konsequenz gewöhnen, weil es bei längerer falscher Übung nur schwer möglich ist, zurückzufinden:
1) In den einäugigen Tubus möglichst mit dem linken Auge hineinsehen und dabei beide Augen offenzuhalten. Das wird leichter, wenn man dem rechten Auge zunächst eine möglichst dunkle Fläche anbietet. Am Anfang wird das vom rechten Auge gesehene Fremdbild etwas stören. Man lernt aber sehr bald, es psychologisch auszuschalten, so daß es uns völlig aus dem Bewußtsein gerät. Der Einblick mit dem linken Auge bei zugekniffenem rechten Auge ist eine starke Beanspruchung und auf die Dauer kaum möglich. Das linke Auge sollte (von Rechtshändern) zum Einblick benutzt werden, weil man mit der rechten Hand zeichnen wird,

14

ohne den Kopf vom Einblick zu entfernen. Ein Linkshänder wird entsprechend das rechte Auge benutzen.

Für später kann evtl. die Anschaffung eines Doppeltubus überlegt werden, der einen zweiäugigen Einblick gestattet. Ein solcher Tubus ist aber verhältnismäßig teuer.

2) Man versuche von Anfang an, das ins Mikroskop sehende Auge an die Einstellung in die Ferne zu gewöhnen und stelle sich etwa das Bild auf einer fernen Projektionswand vor. Die falsche Gewöhnung, in optische Geräte mit auf die Nähe eingestellten Augen hineinzusehen, strengt an und ergibt später, wenn man z. B. mikrofotografiert, unnötige Schwierigkeiten bei der Einstellung der Schärfe.

3) Alle Dinge *erst* bei schwächster Vergrößerung anschauen.

Objekttisch

Entgegen der Neigung der Hersteller, vorzugsweise viereckige Objekttische zu bauen, rate ich zur Anschaffung eines runden, drehbaren Tisches. Er ist nach meiner Meinung vorteilhafter, weil er es ermöglicht, das viereckige Bildfeld richtig auszufüllen. Auch erlauben seine Zentrierschrauben eine sehr angenehme Feineinstellung des Präparates. Ein Kreuztisch (= Objektführer), der diese Verschiebungen in aller Vollkommenheit erlaubt, läßt sich erforderlichenfalls später ergänzen, aber ein viereckiger Tisch kann kaum gegen einen runden ausgetauscht werden.

Beleuchtung

Zur Beleuchtung dient ein einsteckbarer Spiegel, der nach allen Richtungen bewegt werden kann. Er ist zumeist auf der einen Seite konkav und auf der anderen Seite plan. Die konkave Seite wird nicht benutzt, wenn ein Kondensor vorhanden ist.

Man richtet den Spiegel am besten auf ein Stück gleichmäßig beleuchteten Himmel. Besser und durchaus anzuraten ist die baldige Gewöhnung an künstliches Licht. Sofern nicht bereits vorhanden, tausche man die Glühlampe der Schreibtischbeleuchtung oder einer anderen Lichtquelle gegen eine Opallampe aus. Man hat dann eine optisch korrekte Mikroskopbeleuchtung, die ihren Zweck auch für die Mikrofotografie unbewegter Dinge durchaus erfüllt. Für die noch wesentlich reizvollere Mikrofotografie bewegter Objekte soll später eine einfache und leistungsfähige Einrichtung beschrieben werden,

die es gestattet, auch jedes elektronische Blitzgerät eines Foto-
Amateurs in Verbindung mit einer guten und korrekten Dauer-
beleuchtung zu verwenden.

Pflege des Mikroskops

Man hat mit einem Mikroskop ein kostbares Instrument erworben.
Es braucht zwar sehr wenig Pflege, aber einige Dinge sollte man
doch beachten:
1) Staub, vor allem auf den Linsen, ist sein Feind. Wird es nicht
gebraucht, so soll es entweder in dem zugehörigen Schränkchen
stehen oder auf dem Tisch mit einer Plastiktüte passender Größe
zugedeckt werden. Das Okular soll nie herausgenommen bleiben,
da sonst das Objektiv verstaubt. Reinigen soll man die Linsen im
allgemeinen nur mit einem „Ohrenpuster", der den Staub fort-
bläst. Haben Linsen einmal einen Fingerabdruck bekommen, so
wischt man sie recht vorsichtig nach Anhauchen mit einem neuen
Papiertaschentuch ab. Der Spiegel ist besonders vorsichtig zu
behandeln, falls er oberflächenversilbert ist. — Ein Mikroskop,
das vielleicht jahrelang unbeaufsichtigt gestanden hat, kann mit
Benzin an allen seinen Teilen behandelt werden. Andere Flüssigkeiten, (Spiritus und dgl.) können vor allem den Kitt der Linsen-
systeme schädigen.
2) Ist der Objekttisch mit Wasser oder anderen Flüssigkeiten benetzt worden, so soll er sofort wieder mit einem neuen Papiertaschentuch gereinigt werden. Auch der Objekttisch verträgt
Benzin.
3) Manchmal ist der Gang des Mikrometertriebes begrenzt. Stößt
die Schraube auf Widerstand, so wird sie zurück, bis etwa zur
Mitte ihres Bewegungsbereichs, gedreht. Der Grobtrieb sorgt
dann wieder für ungefähre Scharfstellung. Der Grenzbereich des
Mikrometertriebes ist angezeichnet.
4) Nach Gebrauch dreht man immer den Revolver mit dem Objektiv
der schwächsten Vergrößerung zum Objekttisch.
5) Man stellt auch jedes Präparat zunächst mit diesem Objektiv ein
und zwar, indem man es von unten nach oben bewegt. Mit der
umgekehrten Bewegung könnte man ein Präparat zerdrücken und
das Objektiv beschädigen.

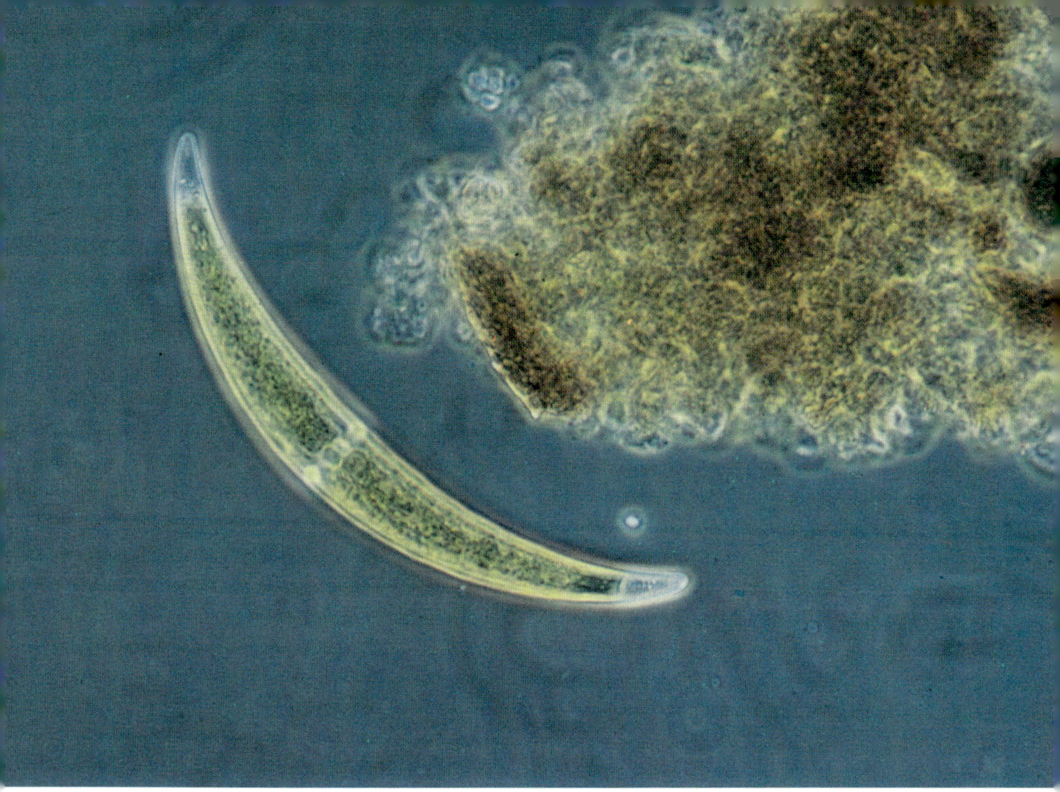

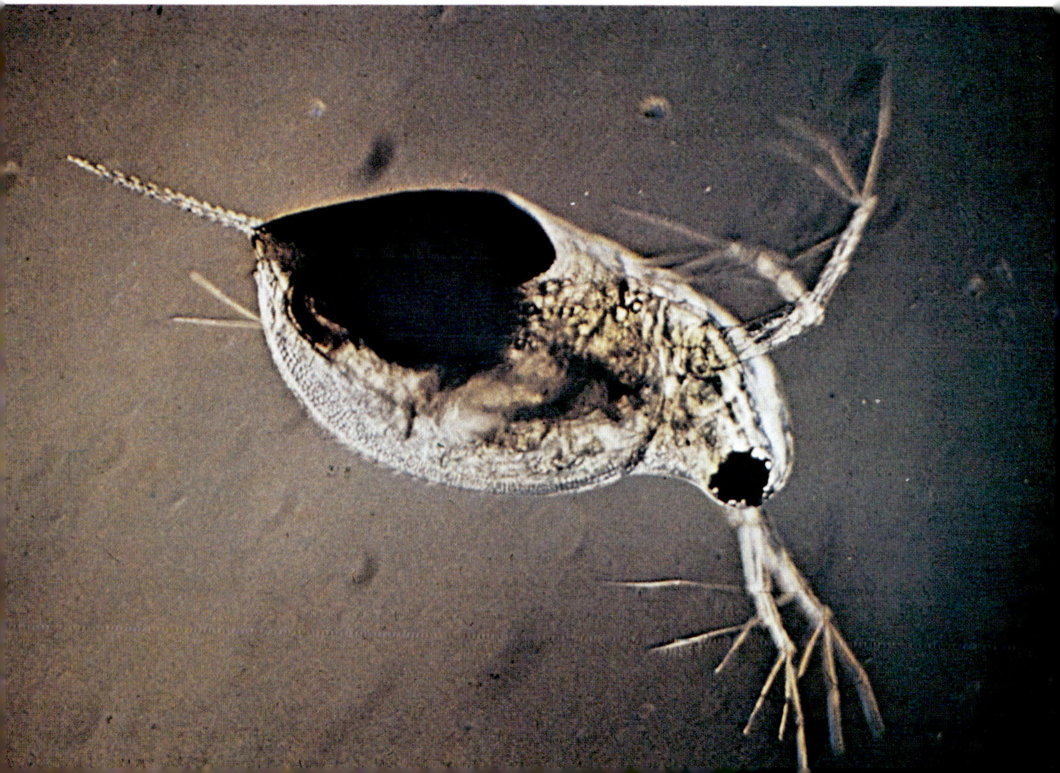

Farbtafel I:
Jochalge Closterium moliniferum
Große grüne Alge, die viel in Moortümpeln vorkommt. Moliniferum heißt etwa „trägt eine Mühle mit sich". In den endständigen Vakuolen befinden sich eine Anzahl Gipskristalle, die sich meist in lebhafter Bewegung zeigen. Sie bewegen sich aber nicht aktiv, sondern werden von der Bewegung der Wassermoleküle, der sogenannten Brownschen Molekularbewegung angestoßen, so daß sie sich in zitternder Bewegung zeigen.
Wasserfloh mit Wintereiern
Wasserflöhe haben, wie auch z. B. Blattläuse, in Zeiten guter Lebensbedingungen eine überaus schnelle Vermehrung. Es sind in diesen Zeiten nur Weibchen vorhanden, die ohne Befruchtung eine große Anzahl Eier erzeugen. Man nennt das Parthenogenese (Jungfernzeugung). Bei schlechteren Lebensbedingungen treten Männchen auf, die die Weibchen befruchten. Dadurch entstehen wenige schwarze Eier, die imstande sind, den Winter zu überdauern. Sie schlüpfen im Frühjahr massenhaft und erzeugen um diese Zeit eine zahlreiche Nachkommenschaft von ausnahmslos Weibchen, die sich dann wieder parthenogenetisch schnell vermehren.

Geräte-Zubehör

An Hilfsmitteln braucht man nur ganz wenig. Etwa 100 Objektträger und 100 kleine viereckige Deckgläser (ca. 18 x 18 mm) aus dünnem Glas (ca. 0,17 mm) werden für unsere Beobachtungen längere Zeit ausreichen. Zur Ergänzung werden zwei Nadeln in Holzgriffen, eine feine Schere, eine feine Pinzette und einige Pipetten mit verschieden weiten Öffnungen empfohlen. Die Pipetten kann man sich aus Glasrohr in der Flamme eines Gasbrenners selbst ausziehen oder in der Drogerie für wenige Pfennige kaufen. Dieses Zubehör genügt für den Anfang. Weiteres kann man sich nach Bedarf später beschaffen.

Man richte sich in der Auswahl der Dinge, die man im Mikroskop betrachten möchte, nicht nach diesem Buch oder irgendwelchen anderen Lehrbüchern, sondern fange nach eigenem Ermessen mit interessierenden Objekten an. Wenn es geht, war es in Ordnung, auch wenn es zunächst vielleicht abwegig erscheinen sollte; wenn nicht, probiere man etwas anderes. Auch Antony van Leeuwenhoek, einer der ersten, der (1632 bis 1723) mit ganz einfachen selbst (einschließlich der Linsen) hergestellten „Mikroskopen" die Welt des Kleinen sah und vieles Neue entdeckte, untersuchte wahllos alles, was ihm vor die Augen kam. Viele seiner Entdeckungen hat die Wissenschaft mit vollkommeneren Instrumenten erst viel später neu wiedergefunden.

Grundsätzliches zur Herstellung mikroskopischer Präparate
Vor Beginn der eigenen Versuche sollte man folgendes beachten: Da wir unser Präparat von unten durchleuchten wollen, sollte es *durchsichtig* und infolge der geringen Tiefenschärfe mikroskopischer Objektive auch möglichst *dünn* sein. Üblich ist es daher, den zu betrachtenden Gegenstand auf einen Objektträger zu legen, möglichst in Wasser oder eine andere Flüssigkeit einzubetten und ein Deckglas aufzulegen, damit die Flüssigkeitsschicht sich dünn und gleichmäßig verteilt. Wie das ohne viele störende Luftblasen durchgeführt werden kann, soll das nebenstehende Bild zeigen. Das Deckglas ist mit einer Kante aufzulegen, die gegenüberliegende Kante zunächst mit einer Nadel zu stützen und dann möglichst langsam herunterzuführen. Ist zuviel Flüssigkeit zwischen den beiden Gläsern, kann man den überschüssigen Teil mit einem kleinen

Deckglas auflegen:

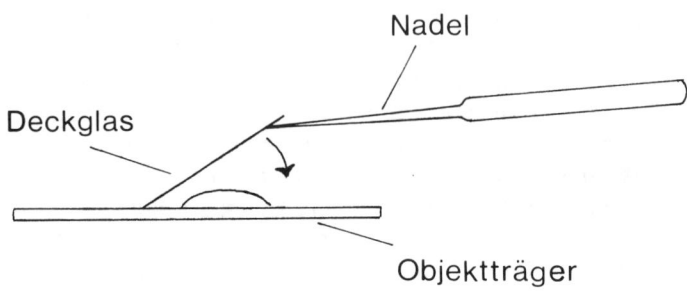

Stückchen Fließpapier absaugen, war es zu wenig, setzt man an den Rand des Deckglases einen kleinen Tropfen mit der Pipette hinzu. *Luftblasen,* die bei der Beobachtung sehr stören können, sehen unter dem Mikroskop so aus, wie sie ein Taucher unter Wasser mit dem Blick nach oben sehen würde. Der Anfänger ist leicht geneigt, sie für bemerkenswerte Objekte zu halten. Man mag sie in keinem Präparat haben.

Was können wir im Mikroskop alles betrachten?

In den folgenden Kapiteln sollen in zwangloser Folge einfach zu präparierende Objekte besprochen werden, die uns — wenn wir wollen — zu immer weitergehenden Erkenntnissen führen. Dabei wurde versucht, einerseits den Schwierigkeitsgrad, andererseits die Informationsmenge, die uns ein Präparat geben kann, zu berücksichtigen.

Der menschliche Körper

Es liegt nahe, sich am Anfang besonders für Dinge des menschlichen Körpers zu interessieren. Allerdings handelt es sich hierbei nur in geringem Umfang um Objekte, die ein durchsichtiges Präparat

18

ergeben. Soweit solche vorhanden sind, ist entweder die Präparation schwierig, oder sie sind mit einfachen Methoden schlecht zu betrachten. Lassen wir sie also fürs erste beiseite. Wenn uns dies und jenes besonders interessiert, können wir Dauerpräparate kaufen.

Selbstverständlich wird der Liebhaber – schon zum Größenvergleich mit anderen Dingen – ein Menschenhaar ansehen wollen. Dazu schneidet man ein etwa zentimeterlanges Stück ab und legt es auf den Objektträger. Die Betrachtung mit verschiedenen Objektiven ist für das richtige Gefühl der sich ergebenden Vergrößerungen sehr lehrreich. Besteht Interesse, auch noch andere Haare – etwa der Katze, der Maus, des Dackels usw. – mit dem Menschenhaar zu vergleichen, kann man auf folgende Weise ein Dauerpräparat herstellen: Es werden ungefähr zentimeterlange Stücke der betreffenden Haare abgeschnitten und an einem Ende auf dem Objektträger in einen ganz dünnen Streifen Wachs eingedrückt, der mit einer heißen Nadel aufgetragen ist. Jetzt kann man die Haarstückchen mit einer Nadel parallel ausrichten. Ein Deckglas wird mit einer Kante auf den Wachsstreifen mit einem erhitzten Metallgegenstand aufgedrückt. Will man besonders sorgfältig vorgehen, können die übrigen Kanten des Deckglases mit Hilfe einer heißen Nadel, eines Schraubenziehers o. ä. auch noch mit Wachs umrandet werden, so daß die Haare unter dem Deckglas völlig abgeschlossen liegen. Die Reihenfolge der Haare und zweckmäßigerweise das Datum der Herstellung des Präparates sollten auf einen kleinen Papierstreifen oder Tesa-Etikett aufgeschrieben und am Rande aufgeklebt werden. Bei dieser einfachen Präparation kann man an den Haaren nicht viel mehr als ihre Dicke erkennen. Es sollte sich in diesem Fall aber nur um das Haar als Vergrößerungsmaßstab handeln.

Die Vogelfeder

Ein besonders kunstvolles Gebilde der Natur ist eine Vogelfeder. Zur mikroskopischen Betrachtung wird zuerst nicht eine kräftige Schwungfeder, sondern das letzte Ende einer ganz kleinen, leichten Flaumfeder z. B. vom Huhn, Sperling oder sonst einem Vogel – zur Not auch aus dem Federbett – genommen. Mit einer Schere schneiden wir das Endstück einer solchen Feder heraus und legen es in

Vogelfeder (ca. 100fach).

Luft zwischen Objektträger und Deckglas. Wollen wir aber die Feder als Dauerpräparat in unsere Sammlung einreihen, empfiehlt sich die Umrandung mit Wachs in der bereits bei den Haaren beschriebenen Weise.

Vom Hauptast der Feder gehen Seitenäste aus. Jeder von ihnen trägt feine Fortsätze mit einer Anzahl Häkchen, die ihn mit den auf ihn zulaufenden Fortsätzen des Nachbarastes in einer zwar mit Gewalt lösbaren, aber doch festen Verbindung bringen. Erstaunlich ist, daß diese Verbindung nach ihrer gewaltsamen Lösung durch leichtes Streichen wieder vollkommen in ihrer ursprünglichen Ordnung und Festigkeit hergestellt werden kann.

Man glaube nicht, die Natur habe etwa „aus Verlegenheit an Material" ein unvollkommenes Gebilde geschaffen, weil durch die Lücken zwischen den feinen Zweigen und Häkchen Luft durchdringen könnte. In dieser Größenordnung wirkt die lückenhafte Feder wie eine glatte Fläche, weil die Luft, die durch diese Lücken dringen möchte, einen so großen Reibungswiderstand findet, daß keine oder nur geringe Verluste entstehen, die praktisch ohne Bedeutung sind.

Das Ergebnis: Die Vogelfeder ist fest und „federleicht".

Wir haben für diesen Versuch keine feste Schwungfeder genommen, weil die feinen durchsichtiger und somit leichter zu betrachten sind.

20

Atomzerfall (Die Ziffern der Armbanduhr)

Es wird niemand annehmen, daß uns das Mikroskop genauen Einblick in die Welt des Atoms geben könnte, die uns heute alle in Atem hält. Diese Welt ist nicht nur für das Lichtmikroskop zu klein, sondern selbst das vielfach stärker vergrößernde Elektronen-Mikroskop vermag ihre Geheimnisse nur andeutungsweise zu erschließen.

Wohl aber ist es leicht möglich, die Spuren des Zerfalls einzelner Atome zu beobachten. Wir legen eine Armbanduhr mit Leuchtzeiger und Leuchtziffern unter das Mikroskop, stellen bei schwacher Vergrößerung richtig ein und verdunkeln das Zimmer einschließlich der Mikroskopbeleuchtung völlig. Nach kurzer Zeit der Gewöhnung des Auges an die Dunkelheit sehen wir einzelne Punkte in der Leuchtfarbe kurz aufblitzen. Jedesmal ist dort ein Atom zertrümmert worden. An der Häufigkeit dieser Blitze können wir auch erkennen, ob die Leuchtfarbe gut — d. h. radioaktiv — oder weniger gut ist. Je besser sie ist, desto länger und heller leuchtet sie weiter, auch wenn die Phosphoreszenz des gespeicherten Tageslichtes abklingt.

Eine am Armband befestigte Uhr sicher unter das Mikroskop zu legen, ist nicht ganz einfach. Mit Hilfe eines Gummiringes und einer Klammer läßt es sich aber durchführen. Die Einstellung erfolgt entweder auf die feststehenden Ziffern oder auf den weiterrückenden Zeiger, dessen Lauf im Mikroskop verfolgt werden kann. Möglicherweise läßt sich das federnde Armband um den Mikroskoptisch herumlegen.

Fadenalgen

Überaus vielseitig und leicht zu präparieren sind einfachste Lebewesen des Wassers. Versuchen wir es einmal mit *Fadenalgen.*

Den ganzen Sommer über sieht man in Tümpeln und Teichen auf der Wasseroberfläche grüne, watteartige Massen schwimmen. In einem geeigneten Gefäß schöpfen wir eine kleine Menge dieser „Watte" heraus. Schon bei Betrachtung mit einer Lupe sehen wir, daß es sich um ein Gewirr von feinen Fäden handelt, feiner als Menschenhaare. (Man sollte es sich zur Gewohnheit machen, alle Präparate vor dem Einlegen in das Mikroskop mit einer geeigneten Lupe anzuschauen.)

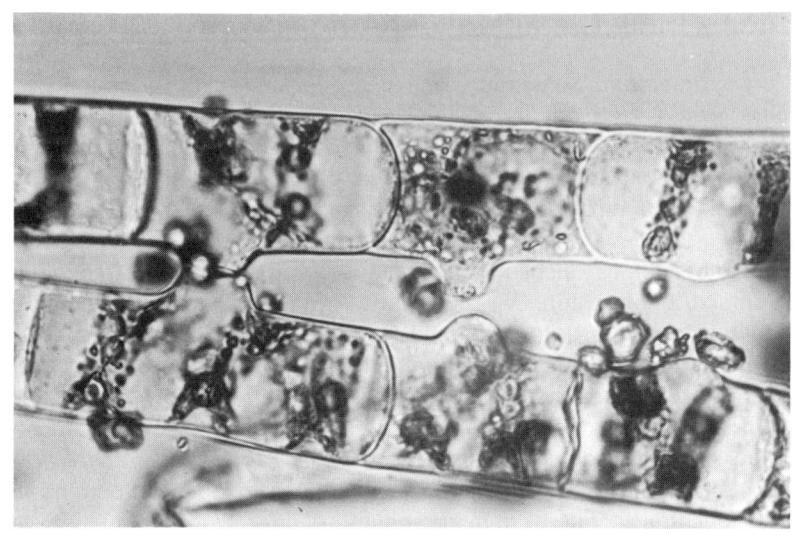

Fadenalge Spirogyra. Erster Anfang der Konjugation zweier Fäden (300fach).

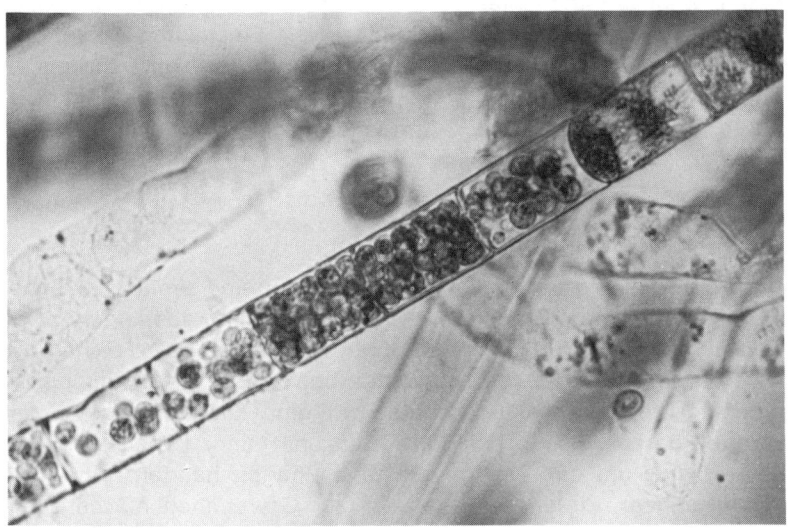

Fadenalge Zygnema (Sternalge). Fortschreitendes Vordringen eines Schmarotzerpilzes in den Zellen der Sternalge (300fach).

Eine ganz kleine Menge der grünen Masse holen wir mit einer Pinzette oder einer nach Ausglühen an der Spitze umgebogenen Nadel heraus, betten sie auf einen Objektträger in einen Tropfen Wasser und zupfen sie soweit auseinander, daß die Fäden möglichst einzeln und in nicht zu dichten Mengen liegen. Dann geben wir noch etwas Wasser hinzu und legen vorsichtig ein Deckglas auf. Bei der grundsätzlich zunächst zu verwendenden schwachen Vergrößerung zeigt sich uns ein Durcheinander vieler grüner Fäden.

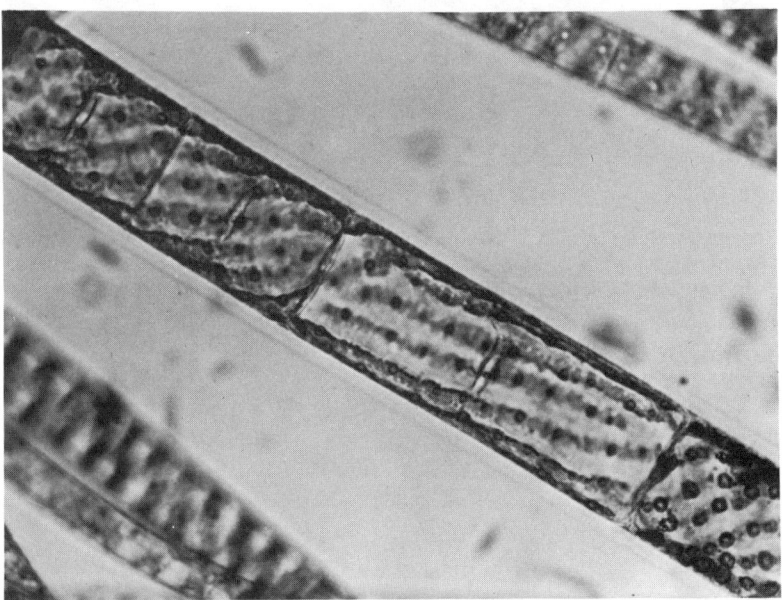

Fadenalge Spirogyra. Eine Zelle ist im Begriff, sich zu teilen und hat sich auf die doppelte Länge gestreckt. Der Zellkern wird sich noch teilen und eine Querwand wird entstehen. So wächst die Alge (250fach).

Das Grün ist das uns aus allen Pflanzen bekannte „Blattgrün". Es ist in ganz bestimmter Form in den Fäden enthalten. Oft werden wir auch Fäden finden, die davon in Spiralform durchzogen sind. Es handelt sich dann um die „Schraubenalge" (Spirogyra). In anderen findet es sich in sternförmiger Gestalt. Hier haben wir dann die „Sternalge" (Zygnema). Es gibt noch viele andere Formen solcher Fadenalgen.

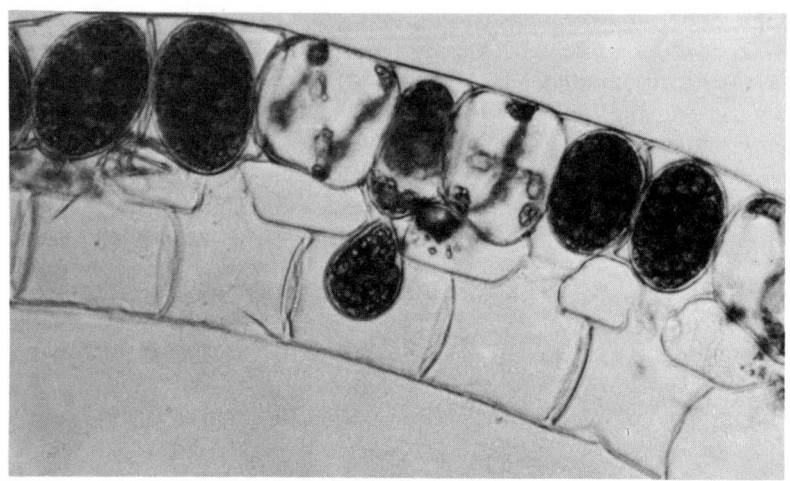

Fadenalge Spirogyra, Konjugation. Fadenstück mit zwei Zellen, die keinen „Partner" gefunden haben. Dazwischen ein Zellenpaar, bei dem der Übergang des Inhalts der männlichen Zelle noch nicht vollendet ist (300fach).

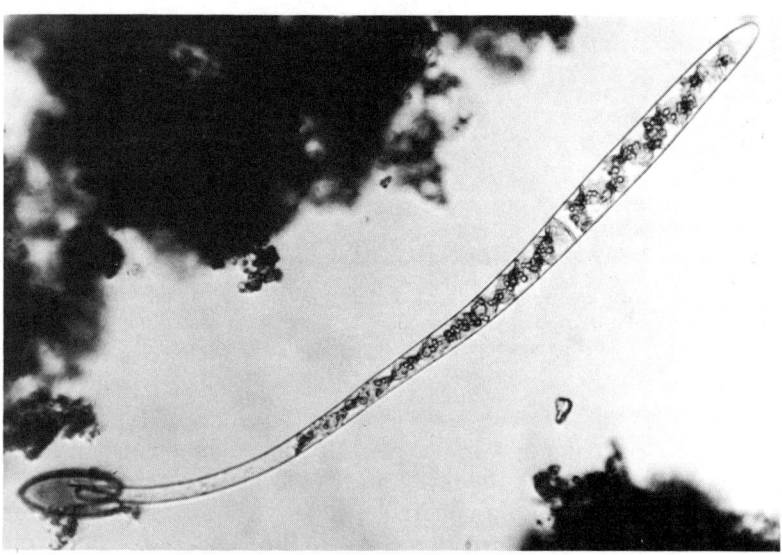

Fadenalge Spirogyra. Aus der Zygote sich entwickelnder Faden. (Neue Pflanze entsteht aus geschlechtlicher Vermehrung) (ca. 35fach).

24

Bei weiterer Betrachtung erkennen wir, daß das Rohr des Fadens durch Querwände in einzelne Abschnitte unterteilt ist. Es sind die „Zellen", aus denen der Faden besteht, wie jede Pflanze und jedes Tier — auch der Mensch — aus solchen Zellen aufgebaut ist. Vielleicht erinnern wir uns noch aus dem naturkundlichen Schulunterricht, daß diese Grundbestandteile des Lebens so klein sind, daß sie nur durch das Mikroskop wahrgenommen werden können. Der menschliche Körper zählt Billionen davon. Wir werden aber auch ganz einfache Tiere und Pflanzen kennen lernen, die nur aus einer einzigen Zelle bestehen.

Manche wissen vielleicht auch noch, daß der wichtigste Teil der Zelle der Zellkern ist, der als Träger die Masse der Erbmerkmale in sich trägt. Der Zellkern teilt sich beim Wachstum des Lebewesens und leitet damit die Teilung der ganzen Zelle ein.

Wir werden oft dickere Fäden der Schraubenalge mit „Mehrfachgewinde" von Blattgrünspiralen finden. In solchen sind die Zellkerne meist gut zu sehen. Auch die Teilung einer Zelle in einem solchen Schraubenalgenfaden können wir gelegentlich beobachten. Die Zelle streckt sich und läßt die Steigung der Blattgrünspirale steiler werden. Der Kern ist zunächst noch ungeteilt. Er beginnt aber bald mit der Teilung, und sobald diese einigermaßen fertig ist, bildet sich zwischen seinen Hälften eine Zellwand. Der Faden hat dann eine Zelle mehr. So wächst diese einfache Pflanze.

Feuchte Kammer

Wollen wir einen solchen Vorgang in einem Präparat über Stunden und Tage verfolgen, legen wir es in eine „Feuchte Kammer" (Petrischale). Sie besteht aus zwei runden Schalen, die als Boden und Deckel aufeinander passen. Die Bodenschale erhält unten ein Stück feuchtes Fließpapier und zwei Glasstreifen, auf denen der Objektträger hohl liegt. Er befindet sich so in genügend feuchter Luft, um ein schnelles Verdunsten des Wassers im Präparat zu verhindern. Erstreckt sich die Aufbewahrung über einen längeren Zeitraum, setzt man von Zeit zu Zeit einen ganz kleinen Tropfen (am besten destilliertes) Wasser an den Deckglasrand. Nimmt man das Präparat immer wieder einmal aus dieser „feuchten Kammer" heraus, kann man beispielsweise die Fortschritte der Zellteilung verfolgen. Es wird in einem solchen Fall gut sein, einfache Skizzen anzufertigen, die mit Angabe der Beobachtungszeit den ganzen Vorgang festhalten.

Kann man mikrofotografieren, so sind die Fotos einwandfreie Belege. Aber auch sie sollten mit Zeitangaben versehen sein.

Konjugation der Schraubenalge
Es sei gestattet, noch etwas bei der Betrachtung der Fäden der Schraubenalge zu bleiben. Wir lernen daraus, wie viele Dinge bei aufmerksamer und wiederholter Beobachtung erkannt werden können. Wenn wir immer wieder Proben solcher Fäden aus dem Wasser holen, wird es kaum ausbleiben, daß wir gelegentlich etwas verfilzte Fäden darunter finden. Sie sind im Zustand der sogenannten „Konjugation". Dabei legen sich je zwei Fäden auf eine größere Länge aneinander. Zwischen zwei Zellen, die sich auf diese Weise berühren, bildet sich eine Brücke, die sich von beiden Seiten zusammenschließt und einen Kanal von Zelle zu Zelle bildet. Durch

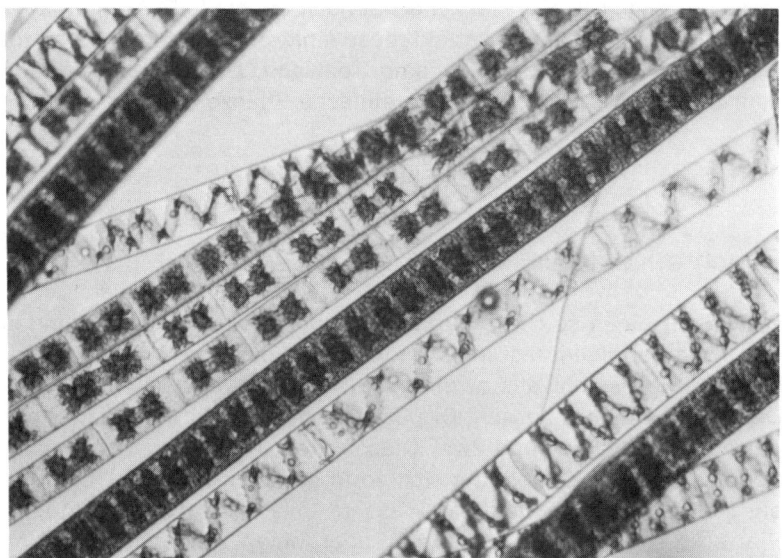

Fäden der Schraubenalge (Spirogyra) und der Sternalge (Zygnema) (45fach).

diesen Kanal geht der gesamte Inhalt der Zellen eines Fadens in den anderen über. Dort vereinigen sich die beiden Zelleninhalte und werden zu einem undurchsichtigen Körper — der „Zygote" — der nicht erkennen läßt, was in ihm vorgeht. Wir bemerken dabei, daß sämtliche Zellen *eines* Fadens in die des anderen übergehen. Vielleicht ahnen wir dabei, daß wir einen der primitivsten Vorgänge geschlechtlicher Vereinigung erleben. Der Faden, aus dem die Zellinhalte hervorstoßen, um in die des anderen überzugehen, ist männlichen Geschlechts. Dieses ist nicht nur beim Menschen, sondern in der gesamten Natur das aktive, angreifende Element. Das weibliche wartet in der ganzen Natur darauf, daß es angegriffen und mehr oder weniger sanft bezwungen wird. Das geschieht auch hier auf einer der primitivsten Stufen des Lebens. Wir können also stets mit Bestimmtheit annehmen, daß der angreifende Faden männlichen (♂), der empfangende weiblichen (♀) Geschlechts ist.

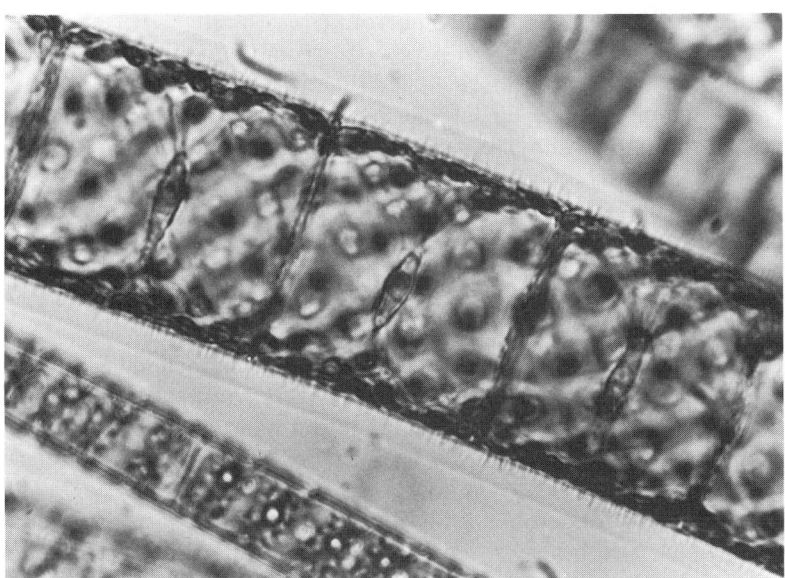

Dicker Faden der Schraubenalge (Spirogyra). Er ist von einer mehrgängigen Blattgrünspirale durchzogen und von einer Gallerthülle umgeben. In jeder Zelle ist der mit feinen Fäden an den Wänden verankerte Zellkern zu sehen. Eine Gallerthülle umgibt den Faden (500fach).

Keimung der Zygote.

Was aus der Zygote wird, zeigt sich, wenn wir ein Glas, in dem die Konjugation vor sich gegangen ist, zunächst auf kurze Zeit (beispielsweise 14 Tage) in den Kühlschrank stellen, um den Algen den Winter vorzutäuschen. Wenn wir jetzt den Schlamm des Bodengrundes im Verlaufe von Stunden oder Tagen untersuchen, finden wir innerhalb oder unterhalb der Fäden im Schlamm die Zygoten als Vereinigungsprodukte der männlichen und weiblichen Zellen. Und wenn wir etwas Glück haben, finden wir auch solche, aus denen ein neuer Faden der Schraubenalge hervorwächst.

Wir haben mit wenig Mühe und etwas Geduld beobachten können, daß die Schraubenalge zwei Wege der Vermehrung hat. Der letztere (die geschlechtliche Vermehrung) half unserer Pflanze über den Winter. Die Vereinigung der männlichen Keimzelle mit der weiblichen erzeugt eine „Zygote", die imstande ist, Trockenzeiten und den Winter zu überstehen. Aus der Zygote ging unter günstigen Bedingungen die neue Pflanze hervor.

Der einfachste und schnellste Weg der Vermehrung war der „ungeschlechtliche". Durch fortgesetzte Teilung der Zellen wächst der Faden immer länger. Es ist gleichgültig, ob und wann er einmal zerbricht. Die Schraubenalge vermehrt sich auf alle Fälle weiter.

Genaue Beobachtung bei niederen Tieren und Pflanzen läßt uns immer wieder erkennen, daß beide Arten der Vermehrung vorkommen und sich ergänzen. Meistens dient die ungeschlechtliche einem schnellen Zuwachs in Zeiten des Überflusses, während die geschlechtliche Zeiten der Not — also z. B. Winter, Trockenheit usw. — überstehen hilft.

Bald ist auch folgendes erkennbar: Wenn auch manchmal die ungeschlechtliche Vermehrung die Regel ist (z. B. Vermehrung der Erdbeeren durch Ableger), ohne gelegentliche geschlechtliche Vermehrung (z. B. Blüten und Früchte) scheint es in der Natur selten zu gehen.

Dies ist eine Erkenntnis, die uns das Mikroskop geben kann. Mir scheint, schon das ist eine „Information" über das Wunder des Lebens, welche die Anschaffung eines Mikroskops lohnen könnte.

Man kann am gleichen Objekt noch andere interessante Feststellungen machen: Selten gibt es in der Natur ein Tier oder eine Pflanze, von dessen Körper sich nicht schon andere während seines Lebens ernähren. Bei längerer Beobachtung von Fadenalgen findet man z. B. manchmal einen Faden, der von einem Ende an mit durcheinander wimmelnden kleinen Kugeln angefüllt ist. Es handelt sich hierbei um einen Pilz, dessen Fortpflanzungszustände in Algenfäden und von ihrer Substanz leben. Hat man einmal solche Kugeln in einem Algenfaden gefunden, so kann man beobachten, daß sie in wenigen Minuten eine Zelle vollständig zerstören und den ganzen Inhalt einschließlich des Blattgrünkörpers aufbrauchen und zum eigenen Wachstum sowie zur eigenen Vermehrung benutzen. Es sind echte Schmarotzer, die nach Zerstörung einer Zelle in die nächste einbrechen. Sie verhalten sich zu den Algen genau wie Bandwürmer, Spulwürmer, Läuse, Flöhe, Wanzen und anderes Ungeziefer zu Menschen und Tieren. Aus schlechten Zeiten, wie etwa während des Krieges, der Kriegsgefangenschaft usw., wissen wir, daß solche Schmarotzer uns das Leben völlig vergällen und sogar bedrohen können.

Der beschriebene Pilz ist übrigens nicht der einzige Schmarotzer, der auf Fadenalgen vorkommt.

Blattgrün und Fotosynthese

Stellt jemand die Frage, wovon sich eigentlich die Fadenalgen ernähren, so muß ihm geantwortet werden: von Luft und Wasser. Das Blattgrün ist nämlich imstande, mit Hilfe des Sonnenlichtes das Kohlensäuregas, das in der Luft und gelöst im Wasser enthalten ist, zu spalten, den Sauerstoff daraus frei zu machen und den Kohlenstoff in organische Verbindungen einzuarbeiten, die den Pflanzenkörper aufbauen. Hierzu gehört Energie, und das Blattgrün kann die Energie des Sonnenlichtes zu dieser Verwandlung einspannen. Es ist der Vorgang der „Fotosynthese", den wir hier vor uns haben und den die menschliche Wissenschaft noch keineswegs vollständig geklärt hat.

Für unser Mikroskopieren ist also wichtig: Wenn wir ein echtes grünes Lebewesen finden, so ist es in der Lage, sich von Luft und Wasser zu ernähren, und wir müßten es eigentlich immer als Pflanze bezeichnen. Lebewesen, die über kein Blattgrün verfügen oder über ähnliche Farbstoffe, die auch zur Fotosynthese fähig sind, kennen diese „autotrophe" Art der Ernährung nicht. Sie müssen sich — möglicherweise auf Umwegen — von Pflanzen ernähren. Ein Löwe frißt zwar selbst kein Gras, aber die Tiere, die er reißt, sind doch mit dieser Nahrung herangewachsen. Ein Beispiel zeigt, daß diese Regel allerdings nicht immer stimmt, wie übrigens keine in der Wissenschaft des Lebens. Es wird uns z. B. nicht einfallen, Pilze als „Tiere" zu bezeichnen, obwohl es in ihnen kein Blattgrün gibt und sie sich wie Tiere ernähren, indem sie Pflanzensubstanz verbrauchen. Man nennt diese Ernährungsart „heterotroph".

Milch

Ein *kleiner* Tropfen Milch wird auf einen Objektträger gegeben und mit einem Deckglas bedeckt. Dabei wird kräftig auf das Deckglas gedrückt, um die zu betrachtende Milch in einer möglichst dünnen Schicht zu bekommen. Flüssigkeit, die am Rand des Glases übersteht, ist mit Fließpapier oder einem Stückchen Papiertaschentuch gründlich abzusaugen. Das Papier zu diesem Zweck niemals abreißen, sondern abschneiden, damit es keine störenden Fasern hinterläßt.
Wir sehen in unserem Präparat eine große Anzahl kleiner und sehr kleiner Kügelchen. Es sind Fetttröpfchen, die in der wässerigen Grundflüssigkeit (Molke) herumschwimmen.

Emulsion
Milch ist eine Emulsion von Fett in wässeriger Flüssigkeit. Eine Emulsion ist die gleichmäßige Verteilung einer Flüssigkeit in einer anderen, in der sie nicht löslich ist. Die Fetttröpfchen sind in der Milch selbständig und nicht im Wasser aufgegangen, wie z. B. Zuckerkörner in einer Tasse Kaffee. Milch wird in ihrer Güte nach dem Fettgehalt beurteilt und je größer dieser ist, desto mehr solcher Kügelchen enthält sie. Schließlich sollen sie sich ja auch wieder vereinigen können — zu Butter.

Brownsche Molekularbewegung
Wenn wir das Milchpräparat bei starker Vergrößerung genauer betrachten, werden wir mit Erstaunen feststellen, daß sich die Fetttröpfchen zitternd bewegen, und zwar die kleineren um eine längere Strecke und schneller, als die größeren. Diese Bewegung der Fett-

tröpfchen gewährt uns einen tiefen Einblick in die Natur. Ihre Ursache ist die stetige Bewegung der Moleküle, hier des Wassers. Moleküle einer Flüssigkeit schießen mit erheblicher Geschwindigkeit durch den Raum. Sie kommen dabei aber nicht allzu weit, denn es sind ihrer zu viele. Nach einem kurzen Weg stoßen immer zwei zusammen, prallen aneinander ab wie zwei Billardbälle und fliegen in anderer Richtung bis zum nächsten Zusammenstoß weiter. Man nennt diese Bewegung der unsichtbaren Moleküle einer Flüssigkeit die „Brownsche Molekularbewegung". Begegnet ein solches Molekül auf seinem sonst freien Weg einem Fetttröpfchen der Milch, so stößt es dieses heftig an, und der Erfolg zeigt sich in einem Beiseiterücken des Tröpfchens.

Wir haben sicher nicht gedacht, daß unser ganzer Körper einem ständigen Bombardement solcher aufgeregten Moleküle ausgesetzt sein könnte, wenn wir z. B. in der Badewanne liegen. Die Annahme, sie seien zu klein, um sie insgesamt zu spüren, beruht auf einem Irrtum. Den Grad der Heftigkeit dieser Brownschen Molekularbewegung nennen wir „Wärme" des Wassers. Je wärmer das Wasser wird, desto heftiger ist sie. Erst beim „absoluten Nullpunkt" ($-273°$) würde sie ganz aufhören. Wären wir in der Lage, uns einen Milchtropfen bei $-273°$ unter dem Mikroskop anzusehen, könnten wir nur ruhende Fetttröpfchen bemerken. Wir spüren also sehr wohl die Brownsche Molekularbewegung, denn es ist ein großer Unterschied, ob kaltes oder heißes Wasser in der Badewanne ist.

Beim absoluten Nullpunkt läßt sich der Versuch unter dem Mikroskop aus verschiedenen Gründen nicht durchführen. Wir können aber sehr wohl feststellen, daß die Bewegung nachläßt, wenn wir unser Milchpräparat einige Zeit in den Kühlschrank legen und dann schnell unter das Mikroskop bringen. Nach vorsichtiger Erwärmung über einer Flamme ist wieder eine heftigere Bewegung zu bemerken.

Die Brownsche Molekularbewegung selbst ist nicht zu sehen. Die Wassermoleküle sind so klein, daß sie weder mit einem Lichtmikroskop, noch mit einem Elektronenmikroskop sichtbar gemacht werden können. Daß wir aber ihre Wirkung erkennen und sie nicht nur an dem abstrakten Wärmezustand der Flüssigkeit spüren, ist schon eine aufregende Beobachtung.

Selbstverständlich ist die Brownsche Molekularbewegung nicht nur an den verhältnismäßig großen Fetttröpfchen der Milch zu erkennen, sondern immer dann, wenn sich kleine Körnchen oder Tröpfchen irgendwelcher Art in einer Flüssigkeit befinden. Manchmal ist es gut, davon zu wissen, denn vielfach (z. B. bei der Beobachtung von Bakterien usw.) täuscht uns diese rein physikalische Erscheinung die Eigenbewegung lebender Wesen vor.

Blut

Blut ist — wie Milch — eine Aufschwemmung von Körnchen in einer Flüssigkeit. Es sind aber keine Tröpfchen, die in ihr herumschwimmen, sondern Körperchen von ganz bestimmter Größe und Gestalt.

Wir wollen hier nicht eingehen auf die komplizierten ärztlichen Methoden der Blutuntersuchung, sondern nur auf die einfachste Weise das Blut unter dem Mikroskop betrachten. Es genügt der kleinste Tropfen, den wir uns beispielsweise nach einem Stich in die Fingerkuppe durch leichtes Drücken beschaffen. Wir benutzen dazu eine Nadel, deren Spitze wir kurz durch eine Flamme ziehen. Vorher aber muß die Fingerkuppe am besten mit Äther und einem Wattebausch sorgfältig gereinigt werden.

Der kleine Tropfen wird auf einen gut gesäuberten Objektträger gebracht. Wir drücken ein Deckglas stark auf, damit die Schicht recht dünn wird.

Bei der Betrachtung unter dem Mikroskop sehen wir viele rote Blutkörperchen gleicher Form und Größe (8 μ = 0,008 mm). Sie gleichen Geldstücken und haben die Neigung, sich wie Geldrollen aneinander zu legen.

Die Flüssigkeit, in der die Blutkörperchen schwimmen, ist das Blutserum, aus dem die Medizin viele wertvolle Aufschlüsse über die Gesundheit und die Eigenschaften ihres Trägers gewinnen kann.

Eine bessere Möglichkeit der Betrachtung gibt uns die Verwendung *verdünnten* Blutes. Man darf hierzu jedoch kein Wasser nehmen, sondern eine „physiologische Kochsalzlösung", das ist eine 0,9prozentige Lösung von Kochsalz in destilliertem Wasser. Es werden hierzu 9 Gramm Kochsalz, die mit ausreichender Genauigkeit auf einer kleinen Briefwaage abgewogen werden können, in etwa 994 ccm destilliertem Wasser aufgelöst. Man kann auch genau 1 Liter (1000 ccm) nehmen. Diese große Menge, von der wir nur

Farbtafel II:
Mundpartie eines Trompetentierchens (Stentor polymorphus)
Die Wimpern schlagen in einem ganz bestimmten Takt (er wurde in einem Fall zu $1/25$ Sekunde bestimmt). Die kurze Momentaufnahme des Elektroblitzes hat ihn sichtbar gemacht. Die grünen Körperchen sind Zolchlorellen, einzellige Algen, die in Symbiose mit dem Trompetentierchen leben. Sie sind imstande, zu assimilieren, d. h. aus der Luft Kohlendioxid aufzunehmen und Sauerstoff abzugeben. Dieses Kohlendioxid wird zu organischen Verbindungen verarbeitet. Beide Teile haben von dieser Symbiose Vorteile: Das Trompetentierchen bekommt aus dem Stoffwechsel der Alge Sauerstoff und organische Verbindungen, die Alge umgekehrt Sauerstoff.

wenige Tropfen benötigen, wird deshalb empfohlen, weil das Abwiegen kleinerer Mengen Kochsalz mit gewissen Schwierigkeiten verbunden ist, falls man es nicht vorzieht, sich eine kleinere Menge der Lösung in einer Apotheke anfertigen zu lassen.

Jetzt machen wir noch folgenden Versuch: Auf einen Objektträger kommen drei Tropfen Blut. Den mittleren verdünnen wir mit unserer 0,9prozentigen Kochsalzlösung, den zweiten mit stärkerer Salzlösung und den dritten nur mit destilliertem Wasser. Diesen beobachten wir während der Verdünnung am besten unter dem Mikroskop. Wir werden dabei sehen, daß die roten Blutkörperchen platzen und verschwinden. Das geschieht, weil das reine Wasser durch ihre dünne Haut in sie eindringt. In dem Tröpfchen, das mit stärkerer Salzlösung verdünnt wurde, verlieren sie Wasser und schrumpfen zur sogenannten Stechapfelform. In der 0,9prozentigen Salzlösung jedoch behalten die roten Blutkörperchen ihre Form, weil der „osmotische Druck" der Lösung genau mit dem in den Blutkörperchen enthaltenen Druck übereinstimmt. Wir verstehen jetzt auch, weshalb der Finger vor dem Einstich sorgfältig gereinigt werden muß, denn auch die kleinste Verunreinigung des Tropfens durch Schweiß oder Schmutz kann den osmotischen Druck ändern.

Der Versuch kann auch so ausgeführt werden, daß drei Tröpfchen Blut nebeneinander auf dem Objektträger mit je einem Deckglas breitgedrückt werden. Jetzt setzt man dem mittleren vom Deckglasrand her 0,9prozentige Kochsalzlösung zu, dem zweiten destilliertes Wasser und dem dritten stärkere Salzlösung. Die Lösungen dringen langsam unter den Deckglasrändern vor. Man kann ihre Wirkung im Vordringen unter dem Mikroskop beobachten.

Schnelles Arbeiten ist bei allen diesen Versuchen schon deshalb notwendig, weil auch jede Verdunstung an den kleinen Tröpfchen Einfluß auf den osmotischen Druck der Flüssigkeit hat.

Wer sehr genau mit starker Vergrößerung arbeitet und dabei die Blende etwas weiter schließt, findet zwischen den vielen roten auch farblos erscheinende „weiße" Blutkörperchen, die etwas größer sind. Ihre Aufgabe ist unter anderem die Bekämpfung von Bakterien im Blut. Sie „fressen" diese in ähnlicher Art, wie Wechseltierchen (Amöben) Nahrungskörperchen für ihre Ernährung in sich aufnehmen. Sie fließen über die weißen Blutkörperchen hinweg und nehmen sie in ihren Körper auf, wo sie „verdaut", d. h. in diesem Falle vernichtet werden.

Rote wie weiße Blutkörperchen werden für medizinische Untersuchungen in besonderer Weise auf dem Objektträger ausgestrichen und gefärbt. Wer näheres darüber wissen möchte, findet ausführliche Darlegungen in dem Standardwerk von *Romeis:* „Mikroskopische Technik", Leibnitz-Verlag, München (früher Oldenbourg). Für einfachere Beschreibungen kann das Buch von Dr. Georg *Stehli:* „Mikroskopie für Jedermann" aus dem Kosmos-Verlag, Stuttgart, empfohlen werden. Der Anfänger im Mikroskopieren kann aber vorerst auf ein tieferes Eindringen in die Materie des Blutes verzichten.

Manchen wird es vielleicht interessieren, auch Blut von Tieren anzuschauen. Es muß sich aber um vollkommen frisches Blut handeln, da es sonst gerinnt. In diesem Blut werden wir unter unserem Mikroskop keine Unterschiede gegenüber menschlichem Blut entdecken. Mit den besonderen Untersuchungsmethoden der Ärzte und Kriminalisten aber können die Unterschiede nachgewiesen werden.

Eine Ausnahme ist das Blut von Fischen — etwa vom Weihnachtskarpfen — und Fröschen. Beide haben größere rote Blutkörperchen von elliptischer Form. Die Betrachtung des Froschblutes im Kreislauf des lebendigen Tieres ist im folgenden Kapitel näher beschrieben.

Blutkreislauf im Schwanz der Kaulquappe

Im menschlichen Körper können wir den Blutkreislauf unter dem Mikroskop nur am Nagelrand des Fingers bobachten. Aber auch hierzu sind besondere Vorbereitungen dieser Stelle und eine Spezialbeleuchtung notwendig, so daß sich diese Technik für den Anfänger nicht lohnt. Sie bekommt erst dann ihren Wert, wenn wir genau wissen wollen, wie die Dinge beim Menschen aussehen.

Beschränken wir uns deshalb darauf, den Blutkreislauf im lebenden Körper eines kleinen Tieres zu verfolgen.

Man braucht dazu nicht, wie es früher empfohlen wurde, einen ausgewachsenen Frosch auf ein Brettchen mit Loch aufzuspannen und seine Zwischenzehenhaut oder gar seine Bauchhaut über diesem mit Nadeln zu fixieren, um dort seinen Blutkreislauf zu betrachten. Solche Verfahren werden manchem mißfallen. Der Blutkreislauf ist nämlich im Schwanz einer Kaulquappe sehr gut zu sehen.

Kaulquappen findet man in Teichen in großen Mengen in den Monaten März/April und später wieder etwa im Juli. Die letzteren sind die besten Objekte für unsere Beobachtung, weil sie nicht so viel schwarzen Farbstoff enthalten, der bei der Betrachtung stört. Sie stammen vom braunen Grasfrosch, während die im März/April auftauchenden Kaulquappen vom grünen Wasserfrosch und vielfach von Kröten stammen.

Wir brauchen eine Kaulquappe, die nicht mehr ganz klein ist, aber noch keine Beine entwickelt hat. Sie wird mit einem Glasrohr aus dem Aufbewahrungsgefäß herausgenommen und mit wenig Wasser auf einen Objektträger gelegt. Alle weiteren Verfahren, wie etwa die Fixierung auf dem Objektträger durch Fließpapier usw. sind nicht nötig.

Nachdem wir die Kaulquappe unter das Mikroskop gebracht haben, wird sie eine kurze Zeit auf dem Objektträger still liegen. Diese Zeit müssen wir nutzen. Bewegt sie sich, führen wir den Objektträger nach, bis wir wieder eine geeignete Stelle im Bildfeld haben.

Eine Fotografie zeigt kaum etwas von dem, was uns an der Kaulquappe besonders fesselt, weil der Reiz in der Bewegung liegt. Wir finden im Schwanz vor allem schwarze, sternförmige Körper — die Pigmentkörperchen — die das Tier färben. Dann sehen wir eine gerade Linie als Vorstufe der Wirbelsäule. Neben dieser verlaufen zwei Blutgefäße mit schnell bewegtem Blut und zwar eines nach hinten mit „arteriellem" Blut, das vom Herzen kommt und eines zurück nach vorn, in dem das verbrauchte „venöse" Blut dem Herzen wieder zugeführt wird. Der Herzschlag ist in diesen Blutgefäßen — vor allem im ‚arteriellen' Teil — sehr gut zu erkennen und zu zählen. Es ist ein wunderbares Erlebnis, die Wirkung der Herztätigkeit im Körper eines lebenden Tieres zu spüren und zu sehen.

Verfolgen wir den Kreislauf abseits dieser großen Gefäße, so erkennen wir viele feine Adern, in denen die einzelnen Blutkörperchen umlaufen. Sie sind größer als beim Menschen und haben eine elliptische Form. Ihre Geschwindigkeit ist langsamer als in den großen Blutgefäßen, weil sie offenbar nicht leicht durch diese feinen Adern kommen. Gelegentlich können wir auch beobachten, daß sie sich regelrecht biegen müssen, um die Kurven in den engen Röhren zu bewältigen. Mehrfach sehen wir auch feine Gefäße, in denen anscheinend abgestorbene Blutkörperchen still liegen. Wir müssen dabei bedenken, daß der Schwanz dieser Tiere ein Gebilde ist, das nur der Jugendform angehört und sich stetig umformt und zum Schluß zurückbildet. Daher sind auch die Blutgefäße in einem ständigen Wandel begriffen. Die schonende Betrachtung einer lebenden Kaulquappe vermittelt uns gegenüber einem zu tötenden Frosch also auch die Wirkung dieser Umbildungen.

Wie lange es dem Tier bei dieser Behandlung auf dem Objektträger gut geht, können wir unmittelbar beobachten. Wir haben es damit noch einfacher, als der Narkosearzt bei der Operation eines Menschen. Er muß den Puls *fühlen,* während wir ihn *sehen* können.

Kaulquappen sind sehr zähe Geschöpfe, die sich viel gefallen lassen. Ich habe den geschilderten Versuch in der Schule Jahr für Jahr meinen Schülern im Mikroprojektor gezeigt und selbst bei der starken Hitzeentwicklung des Projektionsapparates nie eine Kaulquappe verloren. Stets konnte das Tier nach ungefähr 5—10 Minuten in das Aufbewahrungsglas zurückgebracht und erforderlichenfalls ein anderes genommen werden. Zu meiner und meiner Schüler Freude schwammen die betrachteten Tiere sofort wieder vergnügt im Wasser herum. Die Pipette, mit der man die Kaulquappen aus dem Glas nimmt, muß allerdings durch Abschmelzung abgerundete Ränder haben. Außerdem sollte man Objektträger mit geschliffenen Kanten benutzen, um Schnittverletzungen der Tiere zu vermeiden.

Es war meinen Schülern stets ein besonderes Erlebnis, den Blutkreislauf eines Tieres, der sich im Grunde ebenso abspielt wie beim Menschen, unmittelbar zu sehen. Nur das Mikroskop bietet uns die Möglichkeit, kleine Lebewesen zu zeigen, die einigermaßen durchsichtig sind und einen unmittelbaren Einblick in ihre Organe gestatten. Leider ist das Herz auch bei Kaulquappen nicht zu sehen, weil es im dickeren und daher undurchsichtigen Teil des Körpers liegt.

Hat man das Glück, eine Molchlarve zu finden, so sind dort die Dinge noch schöner zu sehen, weil Molchlarven kaum Pigment haben. Außerdem ragen aus ihrem Körper die Kiemen heraus, in denen die feinen Gefäße den Blutkreislauf noch wesentlich wirkungsvoller zeigen, als es bei den Froschlarven der Fall ist.

Bewegungsvorgänge in Pflanzenteilen

Blatt der Wasserpest
Gewöhnlich nehmen wir an, daß Bewegungen im Pflanzenkörper
nicht oder nur so langsam erfolgen, daß wir sie nicht bemerken
können. Das Mikroskop überzeugt uns vom Gegenteil. Betrachten
wir zunächst ein Blatt der Wasserpest (Elodea). Es ist eine beliebte
Aquarienpflanze, die in fast allen Teichen zu finden ist, die wir aber
auch in Geschäften für Aquariumsbedarf kaufen können. Sie hat
Blättchen von etwa 1 cm Länge. Ein besonders zartes zupfen wir
ab, legen es in Wasser auf einen Objektträger und decken ein Deckglas darüber. Was wir sehen wollen, glückt noch besser, wenn wir
das Blatt auf dem Objektträger möglichst schräg zur Fläche mit einer
Rasierklinge durchschneiden. Noch geeigneter für unseren Versuch
sind die Blätter der Wasserschraube (Vallisneria), die wir nur in den
Geschäften für Aquariumsbedarf erhalten, da sie frei lebend bei uns
nicht vorkommt.
Nach Auflegen des Deckglases beobachten wir zuerst mit mittlerer,
später mit stärkerer Vergrößerung.

Zellen
Wir sehen, daß das Blatt aus rechteckigen „Zellen" zusammengesetzt
ist, in denen etwa linsenförmige grüne Körperchen liegen. Sie bestehen aus „Blattgrün" (Chlorophyll), dem wichtigsten Stoff der
Pflanzen. Er ist es, der sie dazu befähigt, aus Luft und Wasser die
organischen Stoffe des Pflanzenkörpers aufzubauen. Haben wir
diese Blattgrünlinsen eine Zeit lang beobachtet, werden wir erkennen, daß sie sich in der Zelle bewegen. Diese Bewegung ist am
auffallendsten in der Nähe der Schnittstelle. Außerdem können wir
an den Blattgrünkörnern noch ihre Lichtempfindlichkeit feststellen.
Läßt man das Präparat einige Zeit ohne Mikroskopbeleuchtung, so
sieht man kurz darauf, daß die Körner ihre Fläche dem Licht zu-
wenden. Sie können jetzt nicht genug davon bekommen. Bestrahlt
man sie aber mit starkem Licht, so bieten sie ihm nur ihre Schmal-
seite an.

Protoplasma
Bei genauem Zusehen erkennen wir bald, daß nicht etwa die Blatt-
grünkörperchen sich selbständig bewegen, sondern daß sie von der

gallertartigen Flüssigkeit, in der sie schwimmen, davongetragen werden, und daß *diese* es ist, die sich bewegt. Wir nennen sie Protoplasma. Sehr junge Zellen sind ganz mit Protoplasma erfüllt. Je älter sie werden, desto mehr sondert sich das Protoplasma an den Wänden der Zelle und in Strängen ab, die sie kreuz und quer durchziehen können. Der Rest der Zelle ist von „Zellsaft" erfüllt.

Zellen, die keine Blattgrünkörper enthalten, zeigen die Plasmabewegung manchmal besonders deutlich; so die Haare an den jungen Teilen des Schöllkrautes (Chelidonium). Wir versuchen, diese Haare mit einer Rasierklinge von Stengel und Blättern abzutrennen und möglichst frei von Luftblasen in Wasser zu legen. Ein geringer Zusatz von Pril hilft dabei, nachdem wir die Haare mit einem feinen Pinsel oder einer Nadel von der Klinge abgelöst haben. Bei der Betrachtung mit starker Vergrößerung ist in manchen Zellen die Bewegung des Protoplasmas an den feinen Körnchen, die es enthält, sehr gut zu erkennen.

Ein ähnlich gut geeignetes Objekt sind die feinen Haare an den Staubfäden des Gottesauges (Tradescantia virginica), einer häufigen Gartenpflanze mit blauen Blüten oder auch der viel in Zimmern gehaltenen Ampelpflanze (Tradescantia zebrina). In beiden Fällen eignen sich am besten die Haare von Blüten, die gerade oder noch nicht aufgegangen sind.

Zellkern

Irgendwo in den Strängen des fließenden Protoplasmas dieser Zellen finden wir als ihren wichtigsten Teil den „Zellkern", der die Substanz der Erbträger enthält und weitergibt, sobald sich die Zelle in zunächst zwei gleiche Teile teilt. Bei der Beobachtung der Zelle ist die richtige Abblendung entscheidend für den Erfolg.

Das Spinnennetz

„Pfui Spinne" pflegten wir in unserer Kindheit zu sagen, wenn wir diesem Tier begegneten. Wir lernten es zu verabscheuen und ohne Überlegung erbarmungslos zu töten, wo immer es angetroffen wurde.

Nun hat jedes Tier ein Recht auf sein Leben, und wir müssen es ihm zubilligen, solange es uns keinen Schaden zufügt. Es ist schon schlimm genug, daß wir die Spinnen mit ihren Netzen aus unseren Wohnungen vertreiben, wo sie eingestandenermaßen von uns aus gesehen gewiß nicht hingehören.

Von den in Deutschland heimischen Spinnen kann uns keine schaden. Es gibt unter den vielen Spinnenarten unserer Heimat keine einzige, deren Biß uns gefährlich werden könnte. Es gibt auch keine, die uns beißen würde und wenn wir sie noch so sehr dazu reizen.

Sehen wir uns eine *Kreuzspinne* genauer an, die sich im Garten oder an sonst einer Stelle ihr Netz gebaut hat. Durch eine Lupe betrachtet, ist das Tier wunderschön gezeichnet. Die Beine zeigen weiße und schwarze Abschnitte und der Rücken auf mattfarbigem Untergrund in mehr oder weniger großen Punkten die kreuzförmige

Kreuzspinne, in der (meist unordentlichen) „Warte" ihres Netzes hängend, von der Bauchseite gesehen. Freihandaufnahme mit Blitz (12fach).

Zeichnung, von der sie ihren Namen erhalten hat. Wer dies einmal unvoreingenommen betrachtet, dem dürfte aufgehen, daß auch die Spinne, wie jedes Lebewesen und jede Pflanze ein Wunder der Schöpfung ist.

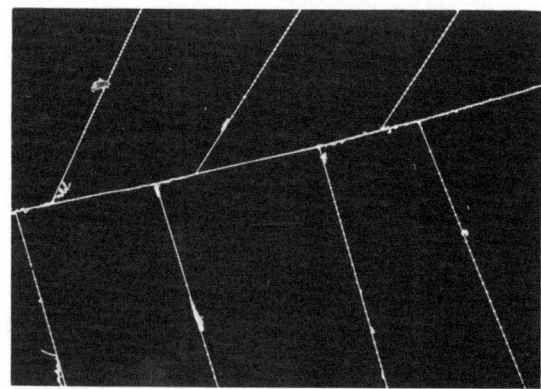

Kreuzspinne. Teilstück eines Spinnennetzes. Der (radial verlaufende) Haltefaden ist glatt und bestimmt für das Betreten durch die Spinne. Die kreisförmig verlaufenden Fangfäden sind mit klebrigen Tröpfchen besetzt (12fach,

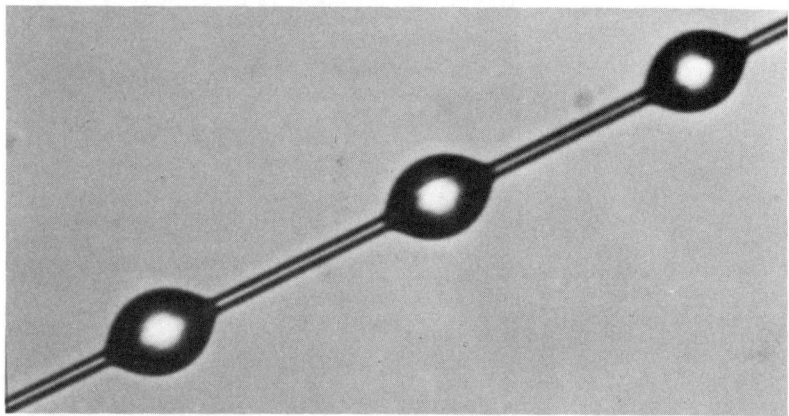

Kreuzspinne. Fangfaden eines Spinnennetzes. Zusammen mit dem bleibenden Faden wird aus einer anderen Spinndrüse ein klebriger Stoff ausgeschieden, der sich bald in überaus regelmäßiger Weise in Tröpfchen anordnet. Veranlassung sind dieselben physikalischen Gesetze, nach denen Regen einen Telegrafendraht nicht in einem gleichmäßigen Film benetzt, sondern sich in Tropfen gliedert (850fach).

40

Ein Kunstwerk ist auch das Netz der Spinne. Sie baut sich im allgemeinen jede Nacht ein neues, wobei sie die Reste des alten auffrißt. Die Spinne kann mit ihren Augen nur wenige Zentimeter weit sehen, und doch findet man oft Netze der Kreuzspinne, deren Haltefäden zwischen 5 Meter voneinander entfernten Bäumen gebaut sind. Das eigentliche Fangnetz ist ein Rad von 30—40 cm Durchmesser mit oft 40—50 spiralförmigen Umgängen zwischen den etwa 30 Speichen. Den Netzbau kann man im allgemeinen nicht beobachten, weil er zumeist nachts vor sich geht. Hat es aber beispielsweise in der Nacht gestürmt oder geregnet und ist am nächsten Tag schönes Wetter, können wir einen solchen Vorgang auch bei Tage sehen. Die das Netz tragenden Fäden sind meist erhalten geblieben. Wir können aber den Bau des radförmigen Netzes beobachten. Nachdem die Speichen des Rades gesponnen sind, legt die Spinne zunächst von innen nach außen eine Hilfsspirale und dann — gleichzeitig mit deren Abbau — die eigentliche Fangspirale von außen nach innen. Man muß diese Arbeit einmal verfolgt haben, um schon vor dem ohne Vergrößerung erkennbaren Netz Achtung und Ehrfurcht zu bekommen.

Mundwerkzeuge einer Kreuzspinne. Durch die hohlen Zangen fließt Speichel in das gebissene Tier, der seine Weichteile verflüssigt, so daß sie aufgesaugt werden können (130fach).

Mit dem Mikroskop können wir nicht an das Netz heran, aber zur Betrachtung können wir doch ein Stück davon auf den Mikroskoptisch legen. Hierzu schneiden wir uns aus Pappe, besser aber noch aus dünnem Kunststoff von einer Arzneischachtel oder dergleichen ein Plättchen von der Größe eines Objektträgers. Die Mitte versehen wir mit einem rechteckigen Loch von ca. 1,5 x 2 cm Größe. Diesen „Pseudo-Objektträger" bewegen wir parallel zum Netz und möglichst genau in seiner Ebene durch dieses hindurch. Die Fäden bleiben bei der Zerstörung des Netzes auf dem Plättchen kleben und liegen in der Öffnung frei in der Luft. Wir merken uns dabei die Oberseite des Objektträgers und bringen evtl. eine entsprechende Markierung an. Legen wir das Präparat jetzt auf den Objekttisch des Mikroskops, so können die Fäden des Netzes bequem in jedem Vergrößerungsmaßstab betrachtet werden. Ein echtes Dauerpräparat können wir daraus allerdings nicht machen. Das Netz auf der kleinen Platte hält sich aber durch viele Wochen. Notfalls kann man sich ein neues Präparat leicht wieder herstellen. Die Netzfäden für unser Mikroskop-Präparat verschaffen wir uns am besten morgens, wenn das Netz noch nicht verstaubt oder sonstwie verunreinigt ist.

Schon bei schwacher Vergrößerung erkennen wir, daß die radial verlaufenden Fäden glatte einfache oder aus mehreren zusammengesetzte Stränge sind. Der spiralförmig um das Netz herumlaufende Fangfaden ist in regelmäßiger Folge mit klebrigen Tröpfchen benetzt, an denen sich die Insekten fangen. Die Substanz dieser Tröpfchen stammt aus anderen Spinndrüsen, als ihr Trägerfaden. Man hat beobachtet, daß sie zunächst als gleichmäßige Hülle den Trägerfaden umgibt und sich erst nach und nach in Tröpfchen sammelt.

Das Entstehen der überraschend regelmäßigen Anordnung der Tröpfchen erscheint rätselhaft, läßt sich aber mit den physikalischen Begriffen der Adhäsion und Kohäsion erklären. Wenn Nebel oder feiner Regen Telegraphendrähte mit einem gleichmäßigen Wasserfilm überzieht, gliedert sich die Nässe sehr bald in einzelne Tröpfchen.

Der gleiche Vorgang vollzieht sich mit dem Klebstoff an den Fangfäden der Spinne.

Die Spinne wird ihre Fangfäden freiwillig nie selbst berühren. Wird sie durch irgendwelche äußeren Einflüsse dazu gezwungen, bleibt sie mit den Füßen kleben und zerreißt vielfach das eigene Netz.

Außer den Netzpräparaten, die auf die geschilderte Weise sehr einfach zu erhalten sind, beschaffe man sich vielleicht durch Kauf einige Dauerpräparate vom Körper der Spinne wie etwa einen Fuß, die Mundwerkzeuge und Spinndrüsen, die ein echtes Vorbild der Spinndüsen zur Herstellung von Kunststoff-Fäden sind.

Der Wasserfloh — Plankton

In jedem Becher Wasser, den wir einem stehenden Gewässer entnehmen, sind kleine Krebschen enthalten. Am häufigsten sind die den Aquarienbesitzern als „Wasserflöhe" bekannten Daphnien. Sie bieten dem Mikro-Amateur infolge der Durchsichtigkeit ihres Körpers viele interessante Aufschlüsse.

Kleinaquarium (Mikroaquarium)
Vor der Betrachtung unter dem Mikroskop sollte man die Wasserflöhe erst einmal einige Zeit in einem Kleinaquarium halten und mit einer Lupe in freier Bewegung beobachten. Die Herstellung solcher Kleinaquarien ist sehr einfach. Man kann auf verschiedene Weise vorgehen: Beispielsweise schneide man sich mit der Laubsäge aus Plexiglas von 2—3 mm Stärke einen U-förmigen Körper, der so auf einen Objektträger paßt, daß dieser rechts und links noch genügend Raum zum Anfassen läßt. Auch nach oben sollte noch etwas Platz bis zum Rand des Objektträgers verbleiben. Den Plexiglasrahmen klebt man mit Eukitt oder Uhu-Plus auf den Objektträger und — sobald die Klebmasse erstarrt ist — darüber noch ein recht dünnes Glas in entsprechender Größe. Besitzt man einen Glaserdiamanten, so kann man sich die Deckgläser z. B. aus Diagläsern von ca. $^1/_2$ mm Stärke schneiden. Es lassen sich aber auch die ganz dünnen Deckgläser für mikroskopischen Gebrauch verwenden, die in verschiedenen Größen käuflich sind. Um eine auf unseren U-Körper passende Größe zu erhalten, kann man sie gegebenenfalls mit einer abgebrochenen Feile ritzen und dann brechen.
Da die Herstellung sehr einfach ist, dürfte es sich empfehlen, gleich mehrere Aquarien verschiedener Stärke anzufertigen. Sie werden uns gute Dienste leisten. Die Zwischenwände lassen sich anstelle von Plexiglas auch gut aus dünnen Glasstreifen machen, die man sich in unterschiedlichen Dicken vom Glaser schneiden läßt. Nach Ritzen

mit einer frisch gebrochenen Feile oder einer Ampullenfeile kann man diese Streifen in Stückchen von passender Länge zerbrechen. Beim Aufkitten des Deckglases achte man darauf, daß die Ecken genügend Klebstoff erhalten, um das Kleinaquarium gut abzudichten.

Zum Säubern eignen sich Pfeifenreiniger. Man setzt dabei dem Wasser etwas Essig und einen Tropfen Pril zu. Anschließend spült man mit destilliertem Wasser aus und stellt die Küvetten mit der Öffnung nach unten zum Trocknen auf.

Die Mikroaquarien haben den großen Vorteil, daß man sie auf den Mikroskoptisch legen kann. Selbst aus solchen von 3 mm lichter Weite fließt kein Wasser aus, wenn man sie durch Drehung um die untere Kante langsam auf die flache Seite des Objektträgers legt. Man kann dann ihren Inhalt mit schwacher Vergrößerung unter dem Mikroskop betrachten. Vorher sollte man aber das Leben im Mikroaquarium mit einer Lupe beobachten. Eine einfache Vorrichtung, um zu diesem Zweck das Mikroaquarium senkrecht aufzustellen, läßt sich — beispielsweise mit Draht — leicht anfertigen.

Kreislauf von Sauerstoff und Kohlensäure
zwischen Pflanze und Tier

Zu einigen Wasserflöhen, die wir mit einer Pipette in das Aquarium bringen, geben wir einen kleinen Trieb Wasserpest. Die Küvette mit einer Weite von 3 mm reicht auch für die größten Wasserflöhe aus. Das hat folgenden Sinn:

Die grüne Pflanze „assimiliert", d. h. sie gibt Sauerstoff ab, den die Tiere zur Atmung brauchen. Dabei erzeugen sie Kohlensäure, die wiederum für die Pflanzen notwendig ist. Eine solche Gemeinschaft kann man tagelang in dem kleinen Aquarium frisch erhalten. Schon in einer solchen Küvette haben wir also den Kreislauf des Stoffwechsels zwischen Tier und Pflanze, der beider Dasein aufrecht erhält.

Ehe wir die Küvette unter das Mikroskop legen, sehen wir uns in ihrer senkrechten Lage das Hüpfen des Wasserflohs an. Da er etwas schwerer ist als das Wasser, sinkt er langsam nach unten. Ein plötzlicher Schlag seiner großen Ruderfüße („Antennen") treibt ihn aber immer wieder aufwärts. Von dieser Bewegung stammt auch sein Name.

Schon die Lupe zeigt uns als einen schwarzen Fleck das Auge im vorderen Teil des Wasserflohs. Die genauere Betrachtung überlassen wir dem Mikroskop an einem Präparat, das den Wasserfloh in Ruhe hält. Zwischen den beiden Schalen, die den Körper einhüllen, bemerken wir ein ständiges Flimmern vom Schlagen einer ganzen Anzahl von „Kiemenfüßen". Sie erzeugen einen Wasserstrom, der zwischen ihnen hindurchführt und der den Kiemen ständig frisches Atemwasser liefert. Dieser Strom führt aber auch ganz kleine im Wasser schwebende Lebewesen mit sich, die der Wasserfloh durch die Mundöffnung als Nahrung in sich aufnimmt.

Für eine Mikroskopbetrachtung ist uns die schnelle Bewegung des Tieres lästig. Wir stellen deshalb ein Mikropräparat her, das ihn in seiner Bewegung beschränkt. Hierzu legen wir den Wasserfloh auf den Objektträger in einen großen Wassertropfen. An den Rand des Tropfens legen wir zwei kleine Streifen oder Splitter aus dickeren Dia-Deckgläsern bzw. Objektträgern. Sie sollen das nun aufzulegende dünne Deckglas stützen, damit der Wasserfloh zwar eingeklemmt und festgelegt, aber nicht zerdrückt wird. Nun können wir alle Einzelheiten seines Körpers auch bei mittlerer Vergrößerung ansehen. Wie immer, wird es auch hier gut sein, Zeichnungen anzufertigen.

Antennen

Die einzelnen Organe des Körpers sollen nicht ausführlich beschrieben werden. Zum notwendigen Verständnis genügen einige kurze Angaben: Die Ruderfüße sind bis in feinste Fasern aufgeteilt. Man sollte nicht etwa glauben, daß mit solchen „Besen" ein Rudern unmöglich sei. Für ein so kleines Ruder erscheint das Wasser viel „dicker", als wir es aus der Größenordnung unseres Körpers kennen. Immer, wo Tiere solcher Größe zum Schwimmen dienende Beine oder andere Fortsätze haben, werden wir solche„ Besen" anstelle der von uns gewohnten Ruder finden.

Auge

Das Auge des Wasserflohs ist aus vielen Einzelaugen zusammengesetzt, deren Linsen wir sehen können, während uns die übrigen Teile durch schwarzen Farbstoff verdeckt sind. Auch die Muskeln, die dieses Organ bewegen und in eine bestimmte Richtung bringen, können wir erkennen. Bei richtiger Tiefeneinstellung zeigen sich uns die zu je einem Einzelauge gehörenden Augennerven, die zu einem größeren Knoten von Nervensubstanz führen, den wir als „Gehirn" bezeichnen können. Schließlich bemerken wir noch einen weiteren kleineren schwarzen Fleck, der auch ein Lichtsinnesorgan andeutet.

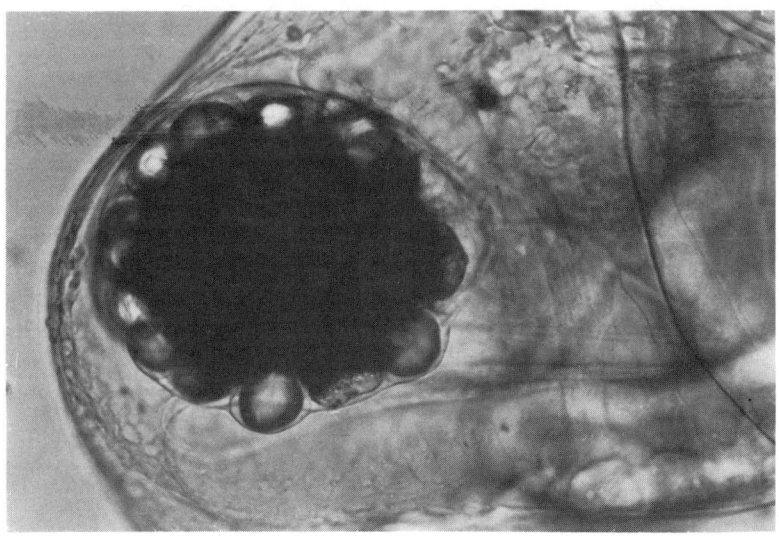

Auge eines Wasserflohes. Nur die Linsen des zusammengesetzten Auges sind zu sehen. Der weitere Bau ist durch schwarzen Farbstoff verdeckt. Die das Auge bewegenden Muskeln sind erkennbar (500fach).

Herzfrequenz und Wärme

Keine Schwierigkeiten bereitet es uns, auch das Herz des Wasserflohs zu betrachten. Es liegt im oberen Teil des Körpers und ist am lebhaften Schlagen leicht erkennbar. Es ist ein zweiteiliges „offenes" Herz, das sein „Blut" nicht in ein System von Adern, sondern einfach in den Körperhohlraum schickt. Wir können die Frequenz mit Hilfe einer Stoppuhr zählen. Da die Schläge verhältnismäßig schnell sind, machen wir am besten während einer gestoppten Zeit ohne hinzusehen eine Anzahl Striche nebeneinander, die wir anschließend zählen. Dann kühlen wir den Objektträger auf einem Eiswürfel aus dem Kühlschrank für kurze Zeit ab und zählen nochmals, ebenso nach längerem Auflegen des Objektträgers auf die warme Hand. Zum Schluß versuchen wir es mit weiterem Erwärmen über einem Gefäß mit heißem Wasser. Es ist interessant, sämtliche Ergebnisse miteinander zu vergleichen. Die Versuche offenbaren uns ein allgemeines Naturgesetz: Es gibt eine optimale Temperatur, bei der alle Lebensvorgänge am schnellsten und günstigsten ablaufen. Es ist — zufällig(?) — etwa die Temperatur unseres Körpers. Darüber und darunter gehen sie langsamer oder weniger günstig vor sich, und das Tier kommt an die Grenze des Absterbens.

Über die beschriebenen Vorgänge hinaus wird der Mikroskopiker am Wasserfloh noch eine Reihe anderer Beobachtungen machen können. Wer hierüber und auch über verwandte Lebewesen mehr wissen möchte, dem seien die folgenden Bücher aus dem Kosmos-Verlag, Stuttgart empfohlen:

Hans Volkmar Herbst: Blattfußkrebse
Friedrich Kiefer: Ruderfußkrebse.

Plankton

Wasserflöhe zählt man zum „Plankton". Dazu gehören alle Lebewesen, die sich *im* — und nicht *auf* dem — Wasser befinden und keine aktiven Schwimmbewegungen machen wie etwa die Fische. Alle „Plankter" müssen sich irgendwie gegen das Untersinken schützen, da jeder Tierkörper etwas schwerer ist als Wasser. Die Wasserflöhe erreichen das durch ihre Hüpfbewegungen, andere vergrößern ihre Körperoberfläche oder verschaffen sich Lufteinlagerungen in ihren Organen. So gibt es gerade im Plankton recht eigentümliche Erscheinungen.

Planktonnetz

Zum Fangen von Plankton benutzt man ein kleines Netz aus feiner Gaze, das hinten einen Becher trägt, in dem sich die Lebewesen sammeln. Man kann es entweder vom Ufer aus an einer Wurfschnur oder vom Boot aus durch das Wasser ziehen. Für einfachere Anforderungen genügt auch ein Stück Damenstrumpf, das mit einem geeigneten Klebstoff (z. B. UHU) an einem Drahtbügel befestigt wird. Diesen verbindet man mit einem Stock, den man in Ufernähe durch das Wasser schwenkt. Das Planktonnetz — wie auch das einfachere — sollte an der Stirnseite mit einem angeschärften Blech versehen sein, um Algen von Mauern oder Pfählen abzukratzen oder Wasserpflanzen mit einem Ruck abzuschneiden.

Die Hydra

Wenn wir aus einem stehenden Gewässer irgendwelche Pflanzen geschöpft und einige Zeit stehen gelassen haben, finden wir meist merkwürdige Geschöpfe darin, die wir bereits ohne Lupe erkennen können. Es handelt sich um längliche Körper von etwa Fingernagel-länge, die fest mit der Pflanze verbunden scheinen und von denen feine Fäden („Fangarme") herunterhängen. Es ist der Süßwasser-polyp *Hydra,* der seinen Namen nach dem Ungeheuer der griechi-schen Sage erhielt, das viele Köpfe besaß. Schlug ihm der Held Herakles einen ab, so wuchsen dafür zwei nach. Man hat mit dem Süßwasserpolypen entsprechende Versuche gemacht und festge-stellt, daß man das Tier beliebig zerteilen kann. Stets werden die verlorenen Körperteile auf fast geheimnisvolle Weise ersetzt.

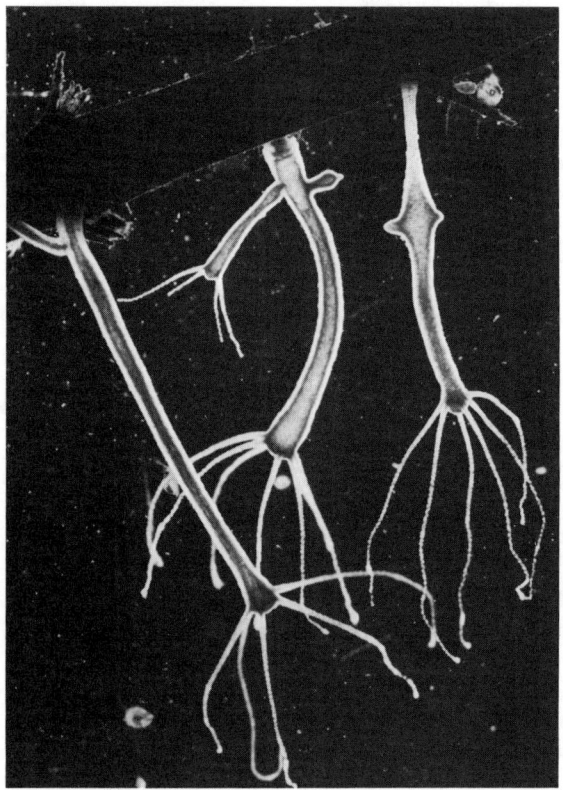

Hydren mit Knospen an einem Zweig der Wasserpest (8fach).

48

Farbtafel III:
Unterseite eines Farnblattes (Mauerraute)
Auf ihr befinden sich Häufchen von Sporenkapseln, in die schwarzen
ist bereits Luft eingedrungen. Die Kapseln platzen auf und entlassen
sehr kleine Sporen. Aus diesen entwickeln sich „Vorkeime", die die
geschlechtliche Generation der Farnpflanze sind. Diese erzeugt durch
die Befruchtung ihrer Geschlechtszellen wieder den blattförmigen Farn.
Kristalle von Fixiernatron im polarisierten Licht
Beim Schmelzen der Kristalle im eigenen Kristallwasser entstehen
Kristalle von recht verschiedener Form. Im polarisierten Licht entstehen
durch Interferenz des ordentlichen und des außerordentlichen Strahles
lebhafte Farben.

Hydra im Aquarium

Auch Hydra hält man zunächst im Kleinaquarium mit einem kleinen Trieb Wasserpest zusammen. Sie wird uns wahrscheinlich den Gefallen tun, sich entweder an dem Pflanzenstück oder an der Glaswand festzusetzen. Mit einer Pipette bringen wir dann einige Wasserflöhe hinzu. Erstaunt werden wir nach kurzer Zeit beobachten, daß einer oder mehrere von den Fangarmen festgehalten werden und nach wenigen Augenblicken bewegungslos daran hängen. Der

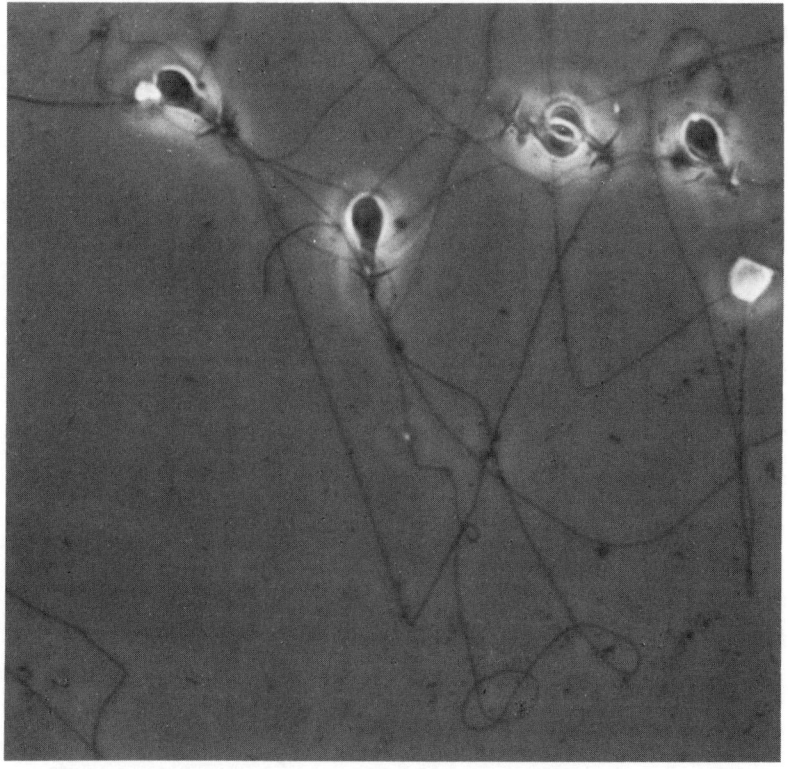

Explodierte Nesselkapseln von Hydra. Sie haben Widerhaken und lange Durchschlagsfäden (800fach).

Fangarm führt den Wasserfloh zu seinem Ansatzpunkt, wo sich die Mundöffnung befindet. Wir können jetzt verfolgen, daß sich diese

Mundöffnung wie ein Gummischlauch über das Opfer stülpt. Bald darauf ist der Wasserfloh im Körper der Hydra verschwunden. Durch den durchsichtigen Körper des Polypen kann man kurz darauf den schwarzen Punkt des Auges erkennen. Verdauungssäfte fallen über ihn her, und bald hat der Wasserfloh seinen Teil zum Aufbau von Hydra beigetragen. Am Körper der Hydra entstehen Auswüchse („Knospen"), die wieder Fangarme bekommen und zu neuen Hydren werden, die sich vom Körper des Muttertieres lösen.

Ein Mikropräparat mit einer Hydra, die einen Wasserfloh gefangen, aber noch nicht gefressen hat, können wir uns in gleicher Weise herstellen, wie beim Wasserfloh. Wir können dadurch Aufschluß erhalten über die Art, wie der grausame Fangarm den Wasserfloh festhalten und betäuben konnte.

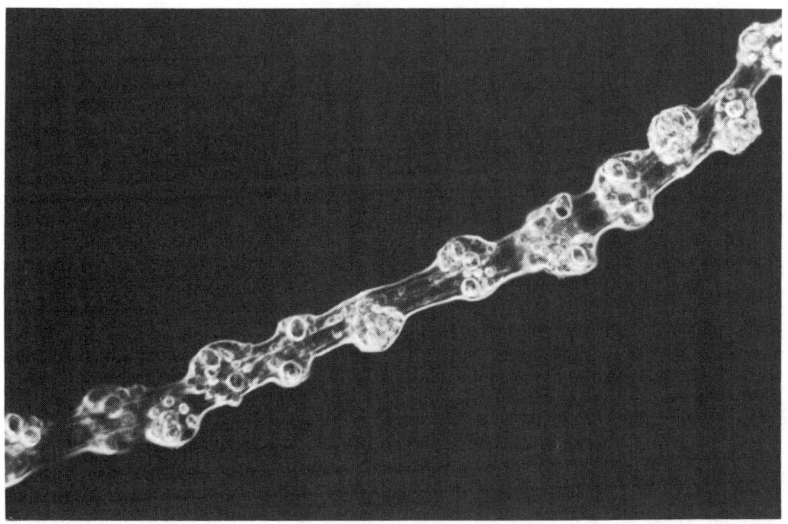

Teil des Fangarmes einer Hydra. Die Nesselkapseln in den Nesselbatterien sind erkennbar. Die großen sind Durchschlagskapseln (Penetranten), die kleinen Wickelkapseln (Volventen) (230fach).

Die kleinen Knötchen am Fangarm von Hydra, die wir auch schon mit einer stärkeren Lupe erkennen, sind „Batterien" von „Nessel-kapseln". Es handelt sich hier um kleine, kompliziert gebaute Zel-len, die unter hohem Druck stehen. Wenn der „Auslöseknopf" — ein feines Fädchen — berührt wird, explodiert die Kapsel und schleudert

50

den vorher im Innern aufgerollten Nesselfaden mit großer Gewalt hervor, so daß er sich in den Körper des berührenden Tieres einbohrt. Er bringt dabei ein Gift hinein, das die Muskelbewegungen des Tieres lähmt, ohne es zunächst zu töten. Das Gift ähnelt in seiner Zusammensetzung und in seiner Wirkung dem Stoff Curare, mit dem südamerikanische Indianer die Spitzen ihrer Pfeile versehen. Man nennt diese Nesselkapseln Durchschlagskapseln oder „Penetranten".

Gleichzeitig treten andere Kapseln in Tätigkeit, die wir mit „Wickelkapseln" oder Volventen bezeichnen. Diese stoßen einen kürzeren, aber kräftigeren Faden aus, der sich sofort spiralförmig aufwickelt, die feinen Borsten der Ruderfüße des Wasserflohs umschlingt und festhält.

Wir können beide Arten von Nesselkapseln erkennen, wenn wir dem Präparat die Stützen des Deckglases mit einer Nadel fortstoßen, so daß Hydra und Wasserfloh zerdrückt werden und ein dünnes Präparat entsteht, dem wir uns mit einem starken Mikroskop-Objektiv hinreichend nähern können.

Noch schöner wird ein solches Präparat, wenn es uns gelingt, den Fangarm, der eine Antenne gepackt hat, auf dem Objektträger mit einer Rasierklinge von der Hydra abzuschneiden und ebenso die gefangene Antenne vom Wasserfloh abzutrennen. Den Rest von Hydra kann man wieder ins Kulturgefäß zurückbringen; er wächst mit Sicherheit weiter.

Das Gelingen eines solchen Präparates, das beide Arten von Nesselkapseln zeigt, ist ein wenig vom Glück abhängig. Notfalls muß man mehrere Wasserflöhe und mehrere Hydren opfern, ehe es befriedigend gelingt. Ein Dauerpräparat ist davon nicht herzustellen. Man muß also ausreichend beobachten und zeichnen, damit sich seine Anfertigung lohnt. Vielleicht wächst bei solchen Gelegenheiten der Wunsch, auch die Mikrofotografie anzuwenden.

Wenn man plötzlich mit einem metallenen Gegenstand auf das Deckglas über der Hydra klopft, kann man das Explodieren einiger Nesselkapseln beobachten. Das gleiche geschieht, wenn dem Präparat verdünnte Essigsäure zugesetzt wird.

Nesselkapseln dieser Art haben auch die Seerosen und Quallen des Meeres. Sie sind aber viel zahlreicher, größer und wirksamer, so daß man sich an dlesen Tieren die Finger erheblich verbrennen kann. Gewisse Röhrenquallen haben sogar so wirksame Nesselkapseln, daß sie Schwimmer, die mit ihnen in Berührung kommen, in Lebensgefahr bringen können.

Die Beobachtung von Hydra ist so interessant, daß sie einen Liebhaber der Mikroskopie lange Zeit und immer wieder fesseln kann.

Abdrücke von Pflanzenblättern und dergleichen

Die Oberfläche von Pflanzenblättern ist unter dem Mikroskop nur mit Schwierigkeiten zu beobachten, weil das Blatt undurchsichtig und nicht eben ist. Auflichtbeleuchtung ist aber mit einfachen Mitteln nur mit großem Helligkeitsverlust und nur bei sehr schwachen Vergrößerungen möglich.

Ein einfacher Ausweg bietet sich dadurch, daß man mit glasklarem Lack einen Abdruck der Blattfläche herstellt. Diesen kann man dann mit oder ohne Deckglas völlig eben auf den Objektträger legen und in durchfallendem Licht betrachten. Es gibt dazu zwei Wege:

a) Man bestreicht ein Stück des Blattes mit Zaponlack und schneidet die Lackschicht nach dem Trocknen ohne gröbere Verletzung des Blattes an einem Ende mit einer Rasierklinge an. Dann zieht man die Schicht mit einer spitzen Pinzette als Ganzes von der Blattfläche ab. Dieser Vorgang braucht zwar ein wenig Geschicklichkeit, wird aber nach einigen Versuchen leicht gelingen. Die feine Lackhaut wird mit der Berührungsfläche nach oben auf einen Objektträger gelegt. Darauf kommt (*ohne* Einschlußflüssigkeit) ein Deckglas und wird in üblicher Weise mit leichtem Druck mit Wachs umrandet.

b) Ein Objektträger wird in möglichst gleichmäßiger Stärke mit UHU bestrichen. Sobald dieser auf den richtigen Grad eingetrocknet ist, drückt man eine Blattfläche hinein und zieht sie wieder ab. Das Blatt darf dabei nicht ankleben und nichts von dem Klebstoff abgerissen werden.

Das Auftragen des Klebstoffes in möglichst gleichmäßiger Stärke ist besonders wichtig. Zu einer guten Verteilung kommen wir, wenn ein Objektträger zwischen zwei andere gelegt wird, die beide durch eine Unterlage von Schreibpapier eine Spur höher liegen. Auf den mittleren Objektträger wird an einem Ende ein größerer Tropfen

UHU aufgebracht und mit der langen Kante eines vierten Objektträgers mit geschliffener Kante (!) in einigermaßen gleicher Dicke
verstrichen. Jetzt kommt es auf den richtigen Trocknungsgrad des
Klebstoffs an, der von der Temperatur und der Luftfeuchtigkeit abhängig ist. Die Blattfläche wird mit dem Daumen fest aufgedrückt und
muß sich dann wieder abziehen lassen, ohne festzukleben.

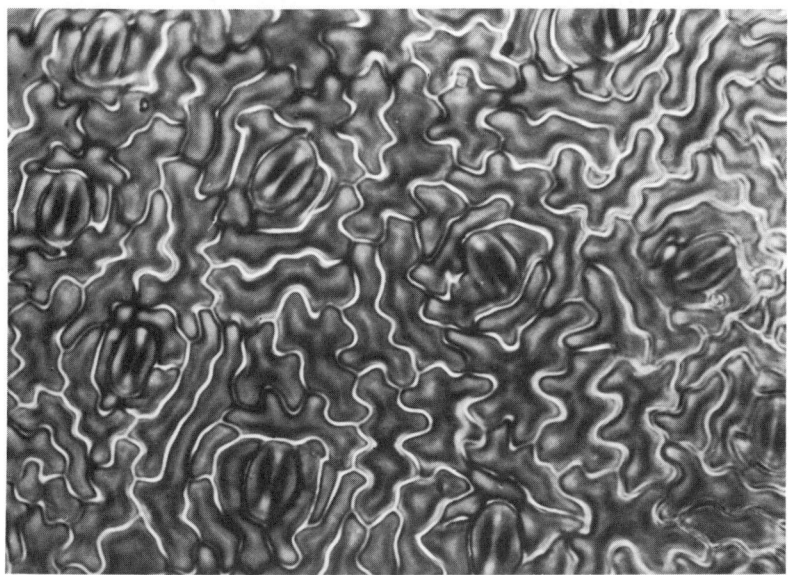

Blattunterseite vom Alpenampfer. Abdruck in UHU. Phasenkontrast (650fach).

Die Beschreibung klingt viel umständlicher und schwieriger, als es
in Wirklichkeit ist. Nach einigen Versuchen wird es gelingen, von
jeder Blattfläche einen guten Abdruck zu erhalten. Man braucht
diesen auch nicht über das ganze Präparat, sondern es genügt bereits ein kleiner Teil. Die mikroskopische Vergrößerung läßt uns
darauf alles Notwendige erkennen.
Mit dem auf diese Weise gewonnenen Objektträger haben wir bereits ein Dauerpräparat. Natürlich kann ein gewissenhafter Amateur
auf den besonders gut gelungenen Teil ohne Einschlußmittel noch

ein Deckglas auflegen und mit Wachsumrandung befestigen. Dann dringt kein Staub mehr ein. Wichtiger ist vielleicht, die Blattfläche *vor* dem Abdruck schonend mit Wasser abzuwaschen, um den meist darauf befindlichen Staub zu beseitigen.

Das erste Verfahren hat den Vorteil, daß man nicht auf den Trocknungsgrad zu achten braucht und auf alle Fälle ein völlig getreues Abbild der Blattfläche erhält. Sein Nachteil ist, daß man nicht so leicht ein gänzlich ebenes Präparat bekommt. Außerdem ist es bei behaarten Blättern nicht anwendbar.

Das zweite Verfahren bringt ein völlig ebenes Bild und ist auch bei behaarten Blättern zu gebrauchen. Die Haare werden dann abgerissen und bleiben an dem Klebstoff hängen. Man wird also beide Verfahren üben und das eine oder andere je nach den gegebenen Vorteilen anwenden.

Besonders interessant ist die Unterseite der Blätter, weil sich auf ihr die Atemöffnungen der Pflanze befinden, die auf der oft vom Regen benetzten Oberseite weniger gut angebracht wären. Diese

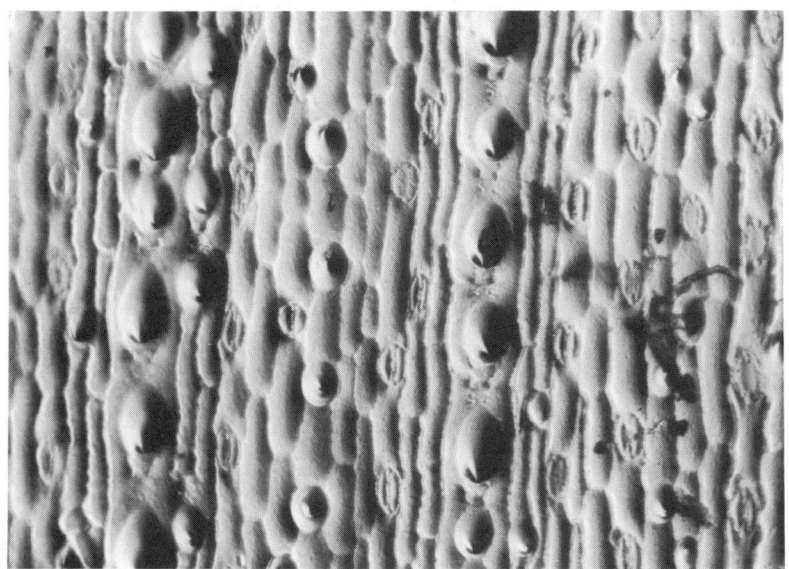

Blattunterseite der Gerste. Abdruck in UHU. Schiefe Beleuchtung (140fach).

54

Spaltöffnungen sehen aus wie zwei mit den Hohlseiten aneinander-gelegte Viertelmonde, die den Spalt für den Luftwechsel zwischen sich haben. Sie werden auch dem Nichtbotaniker dadurch inter-essant, daß sie eine automatische Regelung dieser Öffnung haben. Da die Pflanze mit dem Luftwechsel zugleich auch Wasserdampf verliert, hat sie das Bestreben, diese Öffnung bei trockenem Wetter enger zu halten, als sie bei feuchtem Wetter sein darf. Bei trockener Luft werden die Viertelmonde „voller", rücken in der Mitte mehr zusammen und machen die Öffnung enger, so daß dem knapper werdenden Feuchtigkeitsgehalt Einhalt geboten wird. Es handelt sich um einen sinnreichen Regelvorgang der Natur. Nähere Angaben darüber finden wir in jedem Lehrbuch der Botanik.

Zu erkennen sind die Verhältnisse nur an Längs- und Querschnitten von Blättern. Wir können uns dazu einige Blattquerschnitte etwa von der Schwertlilie, dem Oleander oder sonst einer Trockenpflanze kaufen und in unsere Sammlung stellen. Später versuchen wir viel-leicht, derartige Schnitte zwischen Stücken von Holundermark mit einer Rasierklinge selbst anzufertigen und z. B. in Glyzeringelatine einzuschließen.

Andere Anwendungen

Lackabdrücke lassen sich nicht nur von Pflanzenblättern, sondern auch von vielen anderen Gegenständen machen, wie z. B. Flügel-decken von Käfern, Schuppen von Schmetterlingsflügeln usw. Durch Auftragen von Zaponlack oder Kollodium und anschließendes Ab-ziehen der Lackschicht kann man sie der mikroskopischen Betrach-tung zugänglich machen.

Ursprünglich wurde das zweite Verfahren zum Abbilden von Ge-webefasern und von Geweben entwickelt, deren direkte Betrachtung im auffallenden Licht ähnliche Schwierigkeiten bereitet, wie die von Blättern.

Bei der Betrachtung im Mikroskop sind Lackabdrücke bei der üblichen Beleuchtung nur dann gut sichtbar zu machen, wenn man sehr stark abblendet. Diese Abblendung hat allerdings einige Nach-teile, die in dem Kapitel „Kosten, Bau und Gebrauch des Mikro-skops" bereits beschrieben wurden. Im nächsten Kapitel soll des-halb auf eine Beleuchtungsmethode hingewiesen werden, die auch bei manchen anderen Versuchen große Vorteile bietet.

Schiefe Beleuchtung und Dunkelfeldbeleuchtung

Schiefe Beleuchtung durch Spiegelverdrehung
Bereits ein leichtes Kippen des Mikroskopspiegels aus seiner normalen Einstellung läßt den Lichtkreis zur Seite rücken, der die Apertur des Objektivs erfüllt und der eigentlich nach Herausnehmen des Okulars in seiner Mitte erscheinen soll. Machen wir den Versuch, wenn ein Lackabdruck auf dem Objekttisch liegt, so bekommt dieser eine gewisse Plastik. Es erscheinen Hügel als Erhebungen und Vertiefungen als Täler, so daß wir eine wahrheitsgemäße Abbildung des Abdruckes sehen. Wir können diese Beleuchtung mit einfachen Mitteln noch weiter verfeinern.

Dunkelfeldscheibchen
Bei etwa mittlerer Vergrößerung stellen wir irgendein Präparat scharf ein, nehmen es vom Objekttisch und „spielen" jetzt mit der Irisblende des Kondensors. Wenn die Blende bei herausgenommenem Okular den Rand der Öffnung des Objektives erreicht hat, messen wir die Größe ihrer Öffnung und stellen uns ein Scheibchen aus schwarzem Papier oder Stanniol her, das etwas größer ist als die Öffnung. Können wir das Scheibchen jetzt in die Mitte der ganz geöffneten Irisblende bringen, so wird die sichtbare Objektivöffnung verdeckt, und es kann kein direktes Licht vom Präparat her ins Objektiv fallen. Ohne aufgelegtes Präparat ist das ganze Feld schwarz. Ist aber die Apertur der Beleuchtung noch etwas größer, so wird doch noch Licht auf das Präparat fallen, wenn auch nicht auf direktem Wege. Das Präparat wird auf ähnliche Weise zum Leuchten gebracht, wie eine Lampe, die vom Kopf eines Menschen für unser Auge verdeckt ist, trotzdem z. B. noch die Haare zum Leuchten bringt. So erreichen auch die Kameramänner des Kinofilms die sogenannte „Effektbeleuchtung" eines Kopfes, der sehr viel undurchsichtiger ist als unser Mikropräparat. Die Kameramänner brauchen deshalb eine zusätzliche Beleuchtung von vorne, das Mikropräparat jedoch in den meisten Fällen nicht.

Der Blendenträgerring
Fast alle Kondensoren haben unmittelbar unter der Irisblende einen herausklappbaren Blendenträgerring, der eigentlich eine Mattscheibe oder ein Farbfilter aufnehmen soll. Wir lassen uns vom

Optiker aus dünnen Dia-Deckgläsern eine Anzahl Gläser schleifen, die genau in diesen Ring passen. Auf eines kleben wir genau in der Mitte das Dunkelfeldscheibchen, das der gemessenen Größe der Irisblende entspricht und legen dieses Glas auf den Blendenträgerring. Rund um das Scheibchen wird also Licht durchgelassen. Durch geringe Höhenverschiebung des Kondensors können wir die scheinbare Größe des Plättchens noch etwas regulieren und damit für größte Helligkeit des mikroskopischen Bildes sorgen.

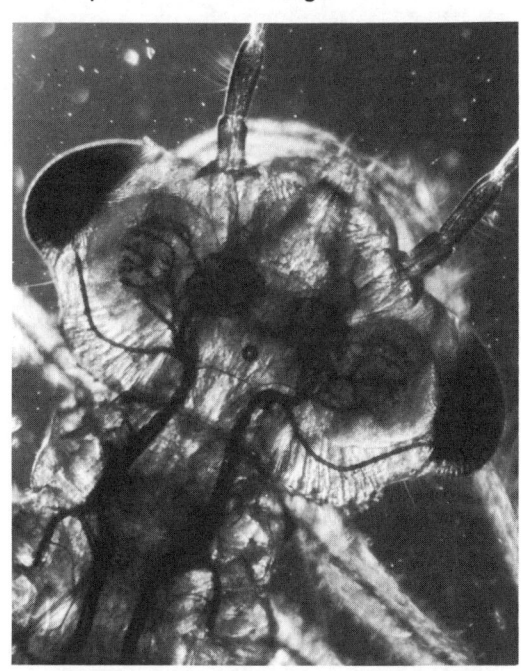

Kopf einer Libellenlarve. Die (schwarz erscheinenden) luftführenden „Tracheen" verzweigen sich stark im Gehirn, das also wie beim Menschen, besonders sauerstoffbedürftig ist. Dunkelfeldbeleuchtung schiefer Beleuchtung (45fach).

Dunkelfeld

Bei eingeschobenem Ring sehen wir ohne Präparat ein vollkommen schwarzes Feld. Nach Auflegen des Präparats aber erscheinen dessen Einzelheiten nunmehr hell auf schwarzem Grund aufleuchtend. Das Licht gelangt durch „Beugung" in unser Auge, wie auch die Haare des mit Effektbeleuchtung angestrahlten Kopfes das Licht durch Beugung in unser Auge leiten.

Diese Dunkelfeldbeleuchtung ist ästhetisch oft angenehmer als die Hellfeldbeleuchtung. Sie läßt uns häufig auch Einzelheiten erkennen, die anders nicht sichtbar zu machen sind.

Schiele Beleuchtung und Phasenkontrastbeleuchtung
Drehen wir den Ring, der das Dunkelfeldplättchen trägt, ein wenig zur Seite, so rückt das Plättchen aus der Mitte, und an der Seite erscheint bei herausgenommenem Okular ein helles Möndchen, das nunmehr etwas Hellfeldlicht in unser Präparat bringt. Wir können es in seiner Größe regulieren und erhalten dadurch die „schiefe Beleuchtung", die unsere Abdrücke brauchen, um ihre Schönheit in voller Plastik zu zeigen.
Die schiefe Beleuchtung wird uns auch an anderen Objekten manche Details und manche Schönheit offenbaren. Es ist *die* Beleuchtung für Objekte, die nur Dickenunterschiede oder nur Unterschiede der Brechungskraft von Einzelheiten aufweist. Sie wird in ihrer Wirkung nur übertroffen von der in den letzten Jahrzehnten von Frits Zernicke erdachten Phasenkontrastbeleuchtung. Trotz wesentlicher Vorteile kommt deren Anschaffung für den Anfänger aber selten in Betracht, da sie teure Spezialobjektive und Kondensoren erfordert, sofern nicht von vornherein die im Kapitel „Kosten, Bau und Gebrauch des Mikroskops" erwähnten Phasenkontrastobjektive gewählt wurden.
Es sei noch darauf hingewiesen, daß sich die schiefe Beleuchtung und Dunkelfeldbeleuchtung mit Hilfe eines Dunkelfeldplättchens am besten mit Objektiven von 3,5—20facher Vergrößerung darstellen lassen. Die käuflichen Dunkelfeld-Kondensoren sind für Objektive stärkerer Vergrößerungen bestimmt. Wenn wir unsere Abdrücke nun im Dunkelfeld oder mit schiefer Beleuchtung betrachten, bekommen sie erst ihren rechten Reiz.

Polarisiertes Licht
Eine der schönsten Spielereien am Mikroskop, die aber auf vielen Gebieten auch den Liebhaber zu ernster Arbeit führen kann, ist die Beschäftigung mit polarisiertem Licht. Auf wissenschaftliche Begründungen soll in diesem Buch verzichtet werden. Man findet sie in jedem Lehrbuch der Physik. Es soll nur auf das hingewiesen werden, was sich bei einfachster Handhabung mit polarisiertem Licht zeigt und wie man es mit wenig Kosten und geringer Mühe bewerkstelligen kann.
Früher waren die Dinge nicht so einfach. Man brauchte teure Nicolsche Prismen, die schwer am Mikroskop anzubringen waren. Heute gibt es einfache und preiswerte Filter, die das Licht polari-

sieren. Solche Filter werden bekanntlich auch in der Amateur-Fotografie verwendet, um die Farben einer Landschaftsaufnahme reizvoller zu machen und um Reflexe — beispielsweise in einer Schaufensterscheibe — auszulöschen. Uns geht es am Mikroskop jedoch um andere Dinge.

Polarisationsmikroskop

In den Katalogen optischer Werke sind „Polarisations-Mikroskope" teure und komplizierte Apparate, wie sie für wissenschaftliche Aufgaben benötigt werden. Für bescheidene Anforderungen können wir aber auch unser einfaches Mikroskop entsprechend herrichten. Wir brauchen dazu zwei Polarisationsfolien, von denen die eine *vor* dem Objekt, die andere *dahinter* angebracht wird. Eine von diesen beiden Folien muß drehbar sein. Es ist nicht zu empfehlen, die Folien (etwa gar mit einem Einschlußmittel) zwischen Gläser zu fassen, da das Einschlußmittel die Folien zerstören und die Gläser die einwandfreie Abbildung im Mikroskop beeinträchtigen könnten. Die Folie allein (je dünner desto besser) birgt diese Gefahr nicht. Man kann auf den Rand der Folie einen schmalen Ring aus dünnem Karton oder aus dünnem Pertinax kleben, der ihr Festigkeit gibt und an dem man sie anfassen kann.
Gute Polarisierungsfolien können wir billig erwerben, wenn es uns gelingt, eine oder mehrere der früher von den Kinos ausgegebenen Brillen zur Betrachtung der „3D"-Filme zu erhalten. Sonst liefert sie uns z. B. die Firma Käsemann, Oberaudorf/Inn. In fertigen Fassungen können die Folien auch von optischen Fabriken bezogen werden.
Eine der beiden Folien brauchen wir im Durchmesser der Gläser, die wir für schiefe Beleuchtung in den Blendenträgerring einlegen. Wir können dafür eine etwas kräftigere Folie wählen und schneiden sie mit der Schere — aber unbedingt ohne Fingerabdrücke(!) — so zu, daß sie drehbar in den Blendenträgerring eingelegt werden kann. Beim Zuschneiden legen wir die Folie am besten zwischen zwei Lagen Transparentpapier. Zum Drehen des Filters kleben wir an die Unterseite ein ganz kleines Stückchen Pertinax, Kunststoff oder Glas, das unter dem Blendenträgerring hervorragt. Zur Vermeidung von Fingerabdrücken fassen wir die Folien grundsätzlich nur mit der Pinzette an.

Polarisator

Legen wir die Folie in den Blendenträgerring, so stellen wir nur eine geringe Schwächung des Lichtes fest. Auch bei einer Drehung ändert sich nichts. Wir bezeichnen sie als den Polarisator.
Selbstverständlich können wir die Folie auch an irgendeiner anderen Stelle in dem Strahlengang vor dem Objektiv anbringen, nur darf sich keine Mattscheibe oder Opalscheibe zwischen Folie und Objektiv befinden. Sie würde das Licht wieder „depolarisieren".

Analysator

Die zweite Folie — der „Analysator" — muß hinter dem Objektiv liegen. Es wird im allgemeinen empfohlen, ihn in die fest eingebaute Blende zwischen die beiden Linsen des Okulars einzulegen. Man kann ihn dort zwar mit dem ganzen Okular drehen und könnte sich auf diese Weise den Drehgriff am Polarisator sparen. Weil aber an dieser Stelle jedes Staubkörnchen und jede Unreinigkeit sichtbar wird, empfehle ich, ihn näher an das Objektiv zu bringen. Bei manchen Mikroskopen kann auch dann noch der entsprechende Tubusteil gedreht werden. Sonst muß er unmittelbar über dem Revolver seinen Platz haben und die Drehung erfolgt durch den Polarisator.
Haben wir beide Folien eingelegt und drehen jetzt eine von ihnen, so wird das Licht im Mikroskop von der hellsten Stelle an bis zur fast vollkommenen Dunkelheit gedrosselt, falls wir kein Präparat mit „doppeltbrechenden" Teilen auf dem Mikroskoptisch haben. Schon die im mikroskopischen Bild als Verunreinigung verhaßten Fasern von Fließpapier leuchten in dem von den „gekreuzten" Polarisationsfiltern erzeugten Dunkelfeld hell auf. Sie sind „doppeltbrechend".

Kartoffelstärke

Benutzen wir als einfachstes Beispiel ein Präparat, das Körner von Kartoffelstärke oder feine Schnitzel aus Cellophan enthält, die schräg zueinander liegen und sich gegenseitig überdecken, so werden wir über die Wirkung erstaunt sein. Das erstgenannte Präparat gewinnen wir, indem wir eine frisch durchschnittene rohe Kartoffel mit dem Messer leicht schaben, das Abgeschabte in einem Tropfen Wasser verteilen und ein Deckglas auflegen. Jetzt leuchten bei gekreuzten Filtern — wenn also ohne Präparat alles schwarz erscheint — die eiförmigen Stärkekörner hell auf und sind schwarz gekreuzt.

Drehbarer Objekttisch
Wenn wir das Präparat drehen, wandert das Kreuz in dem Korn und
die Farben im Cellophanpräparat ändern sich. Jetzt zeigt sich der
Vorteil eines runden drehbaren Objekttisches. Mit ihm ist die Drehung einfacher, wir verlieren die Präparatstelle nicht.
Manche Präparate enthalten keine doppeltbrechenden Teile und
sind damit keine Objekte zur Betrachtung mit dem „Polarisations-
Mikroskop". Viele Präparate aber zeigen solche Doppelbrechung,
und zumeist leuchten diese Teile auch noch in den schönsten „Inter-
ferenzfarben" auf, die beim Drehen des Objektträgers wechseln. Ist
die Doppelbrechung nur auf wenige Teile beschränkt, so drehen wir
die Folie nicht bis zur völligen Auslöschung, sondern nur soweit, daß
die allgemeinen Umrisse noch sichtbar sind.
Doppeltbrechend sind fast alle Kristalle, Muskeln aller Tiere (einschließlich des Menschen), Chitinteile des Insektenkörpers, Holzteile
der Pflanzen und vieles andere mehr. Die geringen Kosten und die
geringe Mühe zur Herstellung einer Polarisationseinrichtung werden
sich also bestimmt lohnen. Es ist ein wunderbares Spiel, mit dem
sich der Liebhaber immer wieder stundenlang beschäftigen kann,
Präparate mit dem Polarisations-Mikroskop anzusehen und sie vielleicht auch farbig zu fotografieren.

Dämpfungsfolien
Es sei hier nur kurz erwähnt, daß Polarisationsfolien noch eine
weitere Verwendung in der Mikroskopie und vor allem in der Mikrofotografie finden können. Verbindet man zwei Folien so miteinander,
daß die eine drehbar vor der anderen liegt, so hat man eine ideale
Möglichkeit, das Licht in großem Umfang zu dämpfen. Man braucht
also z. B. bei sehr hellen Präparaten etwa bei schwachen Vergrößerungen die Augen nicht zu überanstrengen, wenn es ungedämpft für
stärkere Vergrößerungen noch ausreicht. Mikroskopieren bei zu
hellem Licht ist übrigens ein oft geübter Mißbrauch, der den Augen
keinesfalls zuträglich ist. Auch ein solcher Lichtdämpfer ist mit
geringem finanziellen Aufwand verhältnismäßig leicht herzustellen
und erspart — auf „Hell" gedreht — den Polarisator. Auch für die
Mikrofotografie ist diese Lichtdämpfung sehr wichtig, vor allem
dann, wenn man mit einem Elektronenblitz arbeitet. Ebenso ist sie
für die Farbenfotografie durchaus brauchbar, da gute Polarisations-
filter die Farben nicht verfälschen.

Kristalle und Kristallisationsvorgänge

Eine ganz einfache Aufgabe für den Anfänger ist die Beobachtung von Kristallen. Wenn man sie mit der leicht herzustellenden Polarisationsbeleuchtung betrachtet, erhalten wir die vielleicht schönsten Bilder, die uns die Mikroskopie überhaupt bieten kann. Manche Kristalle kann man als Dauerpräparate kaufen. Viel reizvoller ist es aber, sie unter dem Mikroskop entstehen zu lassen und ihr Werden zu verfolgen.

Man braucht dazu einige Chemikalien. Es handelt sich teils um solche des täglichen Gebrauches und andere, die beim Apotheker auch in kleinen Mengen mit geringen Kosten käuflich zu haben sind. Im allgemeinen genügen wenige Gramm für Hunderte von Versuchen. Ferner sind nötig: ein Reagenzglas, das man sich für wenige Pfennige in der Drogerie beschafft, eine Pipette und ein großes Gefäß mit Leitungswasser, in dem man die Substanzen eines Versuches ausspülen kann, sobald man mit einem neuen beginnt.

Einige Körnchen des zu untersuchenden Chemikals werden im Reagenzglas in ganz wenigen Tropfen Wasser über einer Kerzenflamme oder einem Spiritusbrenner erhitzt, bis sie gelöst sind. Da diese wenigen Tropfen sehr leicht zum Kochen und Spritzen kommen können, sei mit Nachdruck auf die einfachste Chemikerregel hingewiesen: die Mündung des Reagenzglases darf *niemals* auf unser Gesicht zeigen! Von der heißen Lösung wird ein Tropfen mit der Pipette aufgenommen und auf einen Objektträger gebracht. Das Auflegen eines Deckglases ist zunächst nicht nötig und sogar unerwünscht. Der Objektträger kommt schnell auf das Polarisations-Mikroskop, und wenn die Temparatur und die Konzentration der heißen Flüssigkeit richtig war, können wir das Wachsen der Kristalle unmittelbar beobachten. Geht die Abkühlung zu langsam, blasen wir ein wenig auf das Präparat und wenn es schon zu kalt ist, halten wir es noch einmal über die Flamme. Wir bringen es auf diese Weise leicht dahin, daß sich ein bereits ohne Vergrößerung sichtbarer Kristallrand um den Tropfen bildet, der bei weiterer Abkühlung langsam bis ins Innere fortschreitet. Will man es sich besonders leicht machen, so legt man einen ganz kleinen Kristall auf einen Objektträger, bringt einen Tropfen Wasser darauf, erhitzt das Präparat und läßt es auf dem Mikroskoptisch erkalten. Die schöneren Kristalle erhält man aber nach meiner Erfahrung auf dem Weg über das Reagenzglas bei langsamer Abkühlung.

Es gibt auch noch andere Wege, Kristallisationsprozesse unter dem Mikroskop durchzuführen. Jeder, der im Chemieunterricht der Schule aufgepaßt hat, wird hierüber Bescheid wissen. Wir können auch diese Versuche — wie z. B. die Fällung von Metallen aus ihren Salzen — üben. Hier arbeitet man aber meist mit scharfen Chemikalien, die auf dem Objekttisch unbedingt *nur* auf dem Objektträger und an sonst keiner Stelle geduldet werden dürfen. Scharfe Dämpfe, die manchmal vom Präparat ausgehen, können sogar die Linsenfassungen und selbst die Linsenoberfläche gefährden. Die im folgenden beschriebenen Kristallisationen sind aber völlig ungefährlich.

Kochsalz
Versuchen wir es zunächst mit Chemikalien, die nicht doppeltbrechend sind, also auch ohne Polarisator und ohne Analysator beobachtet werden können, wie beispielsweise das Kochsalz aus der Salzbüchse in der Küche. Wir nehmen möglichst nicht das viel verwendete „Reichenhaller Salz", sondern das ganz gewöhnliche, welches sich für unseren Versuch am besten eignet. Es ergibt etwa würfelförmige Kristalle, die am schönsten sind, wenn sie recht langsam wachsen.

Salmiaksalz (Ammoniumchlorid)
Salmiaksalz hat heute im Haushalt kaum noch irgendwelche Bedeutung, ist aber in jeder Drogerie zu haben. Auch hier bietet die Polarisationseinrichtung keine Vorteile. Die Äste wachsen immer geradlinig und rechtwinklig zueinander und zeigen einen sich schnell vergrößernden Stab, von dem rechtwinklig Zweige ausgehen. Die Betrachtung der fertigen Kristallisation ist nicht so reizvoll wie die Verfolgung des Wachstums dieser Kristalle. Sie ergibt ein prächtiges Bild, das man sich immer wieder ansehen möchte. Ist alles Ammoniumchlorid auskristallisiert und das Präparat völlig trocken, so genügt ein ganz kleiner Tropfen Wasser, um das Spiel von neuem zu beginnen.

Fixiernatron (Natriumthiosulfat)
Nach meiner Erfahrung in Gestalt und Farbe besonders schöne Kristalle ergibt Fixiernatron. Man kann sich hier besonders einfach am Wachsen der Kristalle erfreuen.
Ein kleiner Kristall wird auf dem Objektträger unter einem Deckglas

mit der Flamme eines Feuerzeuges oder mit einem Streichholz erhitzt. Sehr schnell ist er in seinem eigenen Kristallwasser geschmolzen. Wir sind zunächst enttäuscht, denn in den meisten Fällen geschieht — bis auf die Bildung kleinster Kristalle am Rande — keine Rekristallisation. Legen wir aber das Präparat unter das Mikroskop und heben eine Ecke des Deckglases einige Sekunden mit einer dazwischen geschobenen Rasierklinge etwas an, so beginnt fast augenblicklich die Rekristallisation, und man kann das Wachsen der Kristalle beobachten. War der Ausgangskristall etwas groß, so geschieht es in breiter Front über das ganze Präparat hinweg; war er klein, so entstehen Kristalle, die mit spieß- oder türkenschwertförmiger Spitze wachsen und zum Schluß einzeln stehen bleiben. Besonders die wachsende Spitze schillert in allen Farben.

Man kann das Spiel beliebig oft wiederholen, wenn man das Präparat von neuem leicht erhitzt. Der Anstoß durch das Anheben der Deckglasecke ist jetzt nicht mehr erforderlich. Ein Dauerpräparat ist dies aber nicht, da unter dem Einfluß der Luft das Salz langsam verwittert und ein Einschließen mit Wachs wegen des Erhitzens nicht möglich ist. Auch beim Fixiernatron habe ich gefunden, daß die Kristalle am willigsten wachsen, wenn man eine kleine Menge des Stoffes im Reagenzglas ohne Wasserzusatz schmilzt und mit einer engen Pipette schnell ein wenig auf den Objektträger bringt.

Echte Dauerpräparate kann man aber von Chemikalien machen, die z. B. von der Firma Reichert (Wien) als Testpräparate für den Heiztisch nach Kofler geliefert werden. Man schmilzt eine kleine Menge davon unter dem Deckglas. Bei dem angegebenen „Festpunkt" erstarrt sie. Nun kann man sie mit einem Streichholz bis zum Schmelzen erhitzen, unter das Mikroskop legen und beim Erstarren die Kristallisation verfolgen. Die erste dieser Substanzen (ß-Naphtol-Äthyläther) hat den Festpunkt $35°$, die zweite (Azobenzol) $68°$ und die dritte (Benzil) $95°$. Diese Stoffe kann man noch gut mit der Flamme eines Feuerzeuges oder eines Streichholzes schmelzen. Die folgenden haben höhere Festpunkte. Man braucht schon einen Spiritusbrenner, um sie auf dem Objektträger zu schmelzen. Außerdem geht die Kristallisation unter dem Mikroskop natürlich immer schneller vor sich, je höher der Festpunkt liegt. Man erhitzt das Präparat in allen Fällen von einer Seite her und beobachtet dann die Kristallisation von der entgegengesetzten Seite.

Diese Stoffe zeigen nach meinen Erfahrungen keine so schöne

64

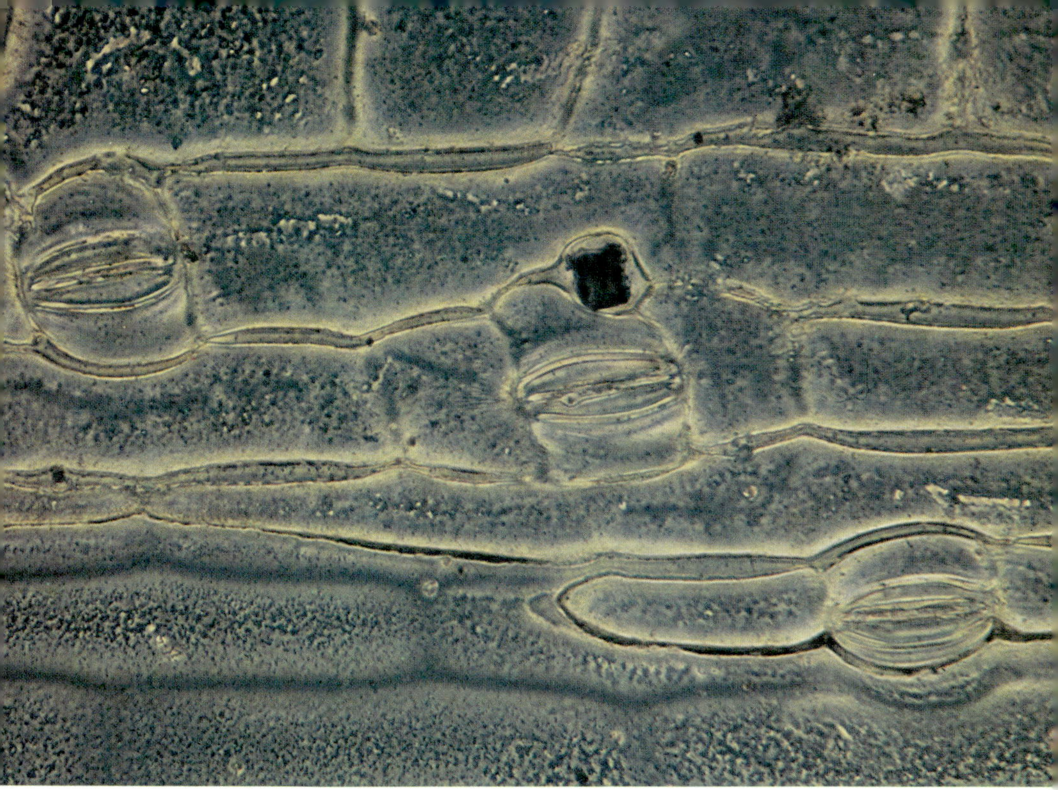
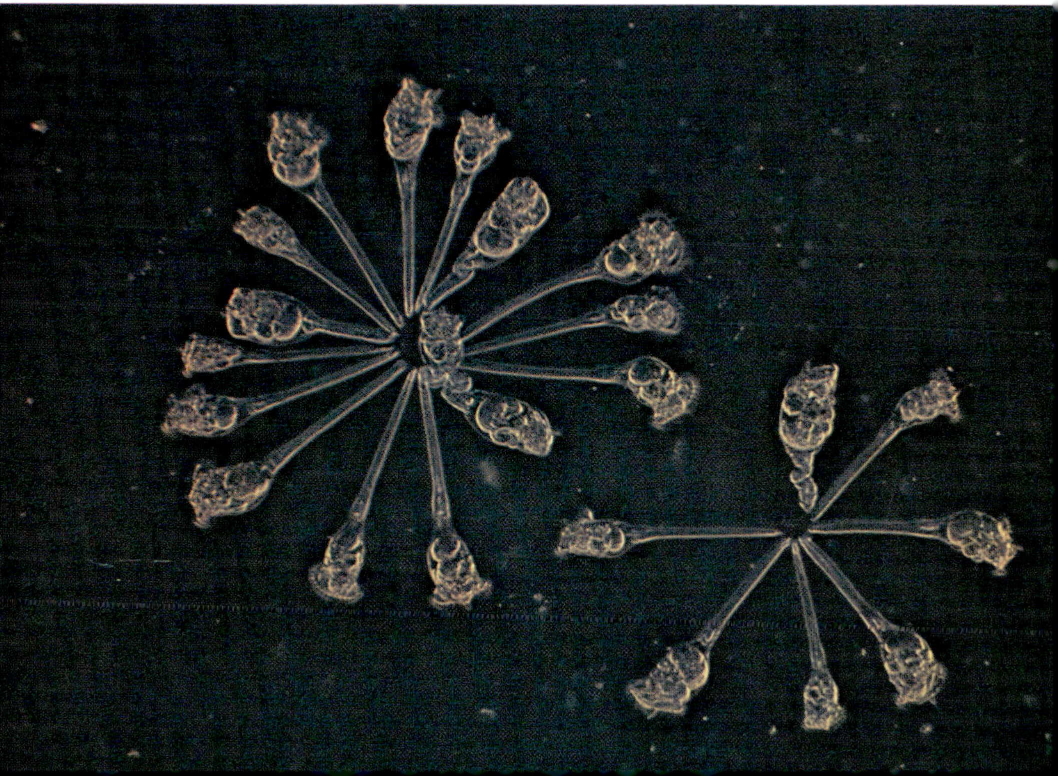

Farbtafel IV:

Spaltöffnung an der Blattunterseite von Tradescantia virginica
Der Blattabdruck gibt die Öffnungszellen einer Spaltöffnung wieder. Die halbmondförmigen Schließzellen verengen sich bei feuchtem Wetter und ermöglichen dem dahinter befindlichen Hohlraum einen guten Atmungsaustausch mit der Außenluft. Bei trockenem Wetter schließen sie die Öffnung wieder und verhindern einen zu großen Feuchtigkeitsverlust der Pflanze. Tradescantia virginica (Gottesauge) ist eine Zierpflanze mit blauen Blüten.

Koloniebildendes Rädertier Conochilus
Conochilus bildet sternförmige Kolonien, in denen die Mundöffnungen der Tiere mit ihren Wimperorganen nach außen stehen, im gleichen Takt arbeiten und der Kolonie dadurch eine drehende Bewegung geben. Conochilus tritt manchmal, aber oft auch massenhaft auf.

Form und Farbe der Kristallisation wie z. B. das Fixiernatron. Von ihm hergestellte Präparate sind aber durchaus dauerhaft und brauchen nur ein Streichholz und ein mit Polarisationsfiltern ausgerüstetes Mikroskop, um ihre Schönheiten zu zeigen.

Salpeter (Kaliumnitrat)
Salpeter ergibt sehr zierliche, fiederförmige Kristalle mit wunderschönen Farben im polarisierten Licht. Man kann das Wachsen dieser Kristalle sehr gut verfolgen.

Asparagin
Asparagin ist der Stoff, der dem Spargel den charakteristischen Geruch und Geschmack gibt. Man kauft sich am besten eine kleine Menge in der Apotheke. Er ergibt wunderbar farbenprächtige und formschöne Kristalle. Zum Teil sind es kreisförmige Gebilde mit dem charakteristischen wandelnden Achsenkreuz, das wir bereits von der Kartoffelstärke kennen. Aus nicht zu stark konzentrierten Lösungen bilden sich Rhomben, die in den verschiedensten Farben aufleuchten und bei anderen Gelegenheiten fiederförmig erscheinen.
Weitere Chemikalien, die prächtige Bilder ergeben, sind u. a. Kaliumferricyanid, Resorcin, Dinatriumphosphat, Salizylsäure und Weinsäure. Diese Chemikalien sind in Apotheken vorrätig oder können leicht besorgt werden.

Schwefel, Jodoform
Alle bisher genannten Chemikalien sind in Wasser löslich. Die Aufzählung ist allerdings in keiner Weise vollzählig. Der Liebhaber kann selbst noch viele neue Entdeckungen machen.
Will man Kristalle von Schwefel haben, so muß man entweder Schwefelblüte oder Stückchen von Schwefelfäden in Schwefelkohlenstoff lösen. Vor der Lösung von Phosphor in Schwefelkohlenstoff sei aber wegen der Feuergefährlichkeit dringend gewarnt. Diese Lösung war der Inhalt der Brandbomben des letzten Krieges.
Interessant sind Kristalle von Jodoform, das in Brennspiritus oder Schwefeläther gelöst werden muß. Sie sind den Schneekristallen sehr ähnlich, die im nächsten Kapitel ausführlich beschrieben werden. Wer Schneekristalle ansehen oder sogar fotografieren will, dem sei — zunächst im warmen Zimmer — der Umgang mit Jodoformkristallen als Vorübung empfohlen.

Abschließend möchte ich noch darauf hinweisen, daß sowohl Schwefelkohlenstoff als auch Jodoform durchdringende, üble Gerüche verbreiten, die vielleicht nicht jeder verträgt.

Dauerpräparate

Da man die Präparate jederzeit leicht frisch herstellen kann, ist der Wunsch nach Dauerpräparaten vielleicht nicht allzu groß. Trotzdem kann man Präparate herstellen, die sich voraussichtlich längere Zeit unverändert halten. Von einem Kristallniederschlag kratzt man mit einer Rasierklinge etwas mehr ab, als unser Deckglas groß ist. Nach leichter Erwärmung zur Verdunstung des überschüssigen Wassers legt man das Deckglas auf den Objektträger und umrundet es in der bereits beschriebenen Weise mit Wachs. Präparate von Asparagin-Kristallen habe ich seit Jahren als gute Dauerpräparate. Ich habe (ohne Einschlußmittel) ein Deckglas aufgelegt und den Rand mit Wachs umrandet.

Nachweis von Blut

Interessant ist auch ein Versuch mit Blut oder mit vollkommen eingetrockneten und nicht mehr als solches erkennbaren Blutflecken. Eine kleine Probe davon wird mit einer Spur Kochsalz und etwas konzentrierter Essigsäure auf dem Objektträger über der Flamme bis zum Kochen erhitzt. Die charakteristischen rhombischen rotbraunen Kristalle von Hämin zeigen das Vorhandensein von Blut mit Sicherheit an. Kein anderer Stoff erzeugt auf diesem Wege solche Kristalle. Allerdings ist bei diesem Versuch Menschenblut nicht von Tierblut zu unterscheiden.

Schneekristalle

Vorbedingungen

Überraschend schöne Beobachtungen kann man im Winter an Schneekristallen machen. Zur Betrachtung im Mikroskop sind dabei folgende Vorbedingungen zu erfüllen:
Als Arbeitsplatz verwendet man am besten einen offenen Nordbalkon. Hat man keinen solchen, sondern möglicherweise ausgerechnet einen Balkon nach Süden, so muß der zu improvisierende

66

Arbeitstisch mit einer ausreichend großen Platte aus Pappe oder Sperrholz gegen Sonneneinstrahlung geschützt werden. Warme Kleidung ist für unsere Arbeit erforderlich, denn ein Frierender beobachtet nicht gut.

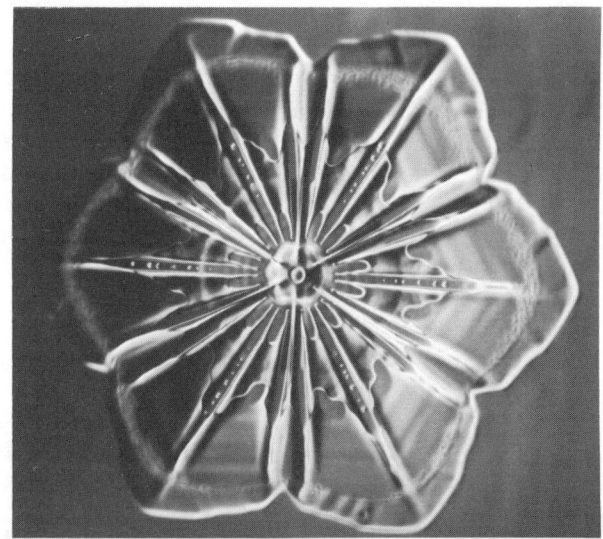

Frisch fotografierter Schneekristall (50fach).

Frischaufnahme eines kleinen Schneekristalls (Durchmesser knapp 1 mm). Der Arm rechts unten liegt außerhalb der Schärfenebene. Schiefe Beleuchtung (50fach).

Das Mikroskop muß mit seiner Beleuchtung mindestens zwei Stunden vor der Arbeit im Freien stehen. Erstrecken sich unsere Versuche über einen längeren Zeitraum, so lassen wir es am besten Tag und Nacht draußen. Wenn wir nicht daran arbeiten, sollte es mit einer großen Plastikhülle geschützt werden. Das Gerät leidet nicht unter der Kälte. Lediglich die Triebe werden etwas schwer gehen. Wir können uns bis zu einem gewissen Grad dagegen schützen, indem wir dem Fett der Gleitlager einen *ganz* kleinen Tropfen feinsten Uhrmacheröls zufügen.

Gegen den warmen Atem muß der Objekttisch des Mikroskops einen Schutz erhalten, weil sonst die Schneekristalle schmelzen. Wir erreichen dies durch eine passende Scheibe aus dünnem Karton, die wir mit Leukoplast am Mikroskop befestigen. Mit Benzin, das für alle Metallteile des Mikroskops unschädlich ist, können wir die Klebspuren später wieder abwischen.

Unsere Objektträger müssen kalt sein, d. h. die Außentemperatur angenommen haben. Ebenfalls sollte eine kalte Pinzette bereit liegen, damit wir die Objektträger nicht mit warmen Fingern anfassen müssen.

Frisch fotografierter Schneekristall. Dunkelfeld mit schwachem Zusatz schiefer Beleuchtung, wodurch die Dickenunterschiede erkennbar wurden (60fach).

68

Wenn es schneit, legen wir rechtzeitig einige Objektträger aus, und wenn ein Kristall darauf gefallen ist, bringen wir das Objekt unter das Mikroskop, das schon vorher in Schärfe und Beleuchtung ungefähr eingestellt ist. Bei Temperaturen über $-4°$ ist es kaum ohne besondere Hilfsmittel (Kältemischung) möglich, gute Ergebnisse zu erhalten.

Meist sind die Beobachtungszeiten leider recht kurz, da die Kristalle schnell verdunsten. Trotzdem gibt es für die mikroskopische Betrachtung kaum schönere Objekte.

Bei großer Vorsicht wird es gelingen, mit einem ganz feinen Pinsel auch einzelne Kristalle auf den Objektträger zu bringen. Allerdings besteht die Gefahr, daß dabei mehr oder weniger wichtige Teile abbrechen.

Wer die Umständlichkeiten der Beobachtung in winterlicher Kälte auf sich nimmt, wird reich belohnt durch die Schönheit der vielfältigen Formen, die er zu sehen bekommt. Es gibt unter Tausenden von Schneekristallen nicht zwei, die sich genau gleichen.

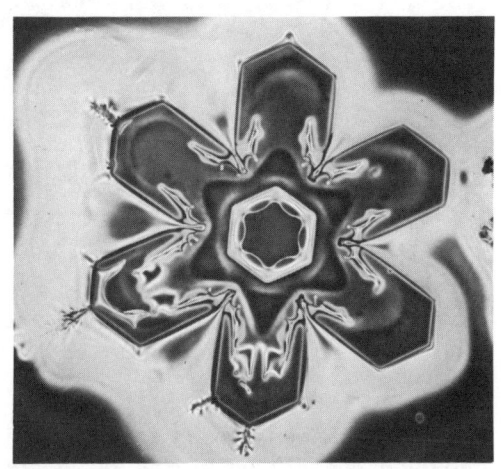

Schneekristall (Dauer-
präparat). Phasenkontrast
(100fach).

Dauerpräparate von Schneekristallen
Der Leser hat sich nicht getäuscht: Schneekristalle sind gerade das Objekt, von dem Dauerpräparate am dringendsten nötig wären. Ihre Vergänglichkeit und ihre Abhängigkeit von der Temperatur scheint ihre Herstellung unmöglich zu machen. Es gibt aber einen Weg, sie

69

zu „konservieren", so daß sie im warmen Zimmer stundenlang betrachtet und als Dauerpräparate jahrelang aufbewahrt werden können. Ich selbst besitze solche Präparate bereits seit vielen Jahren unverändert.

Wiederum Lackabdrücke

Das Verfahren ist so einfach, daß jedem Anfänger bei einiger Geduld und bei einigermaßen passenden Witterungsverhältnissen gute

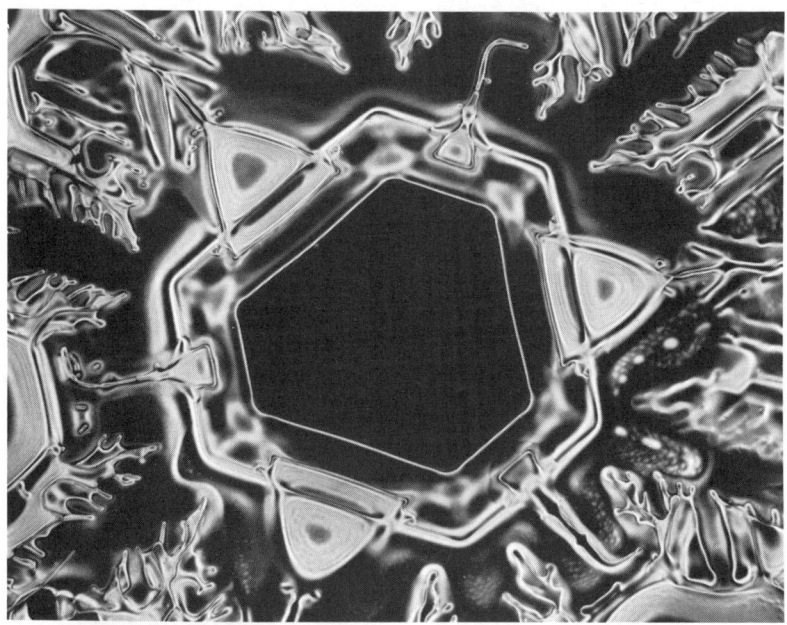

Sehr regelmäßig ausgebildeter Mittelteil eines Schneekristalls (Dauerpräparat). Phasenkontrast (350fach).

Präparate gelingen müssen. Wir brauchen dazu das Mikroskop nicht im Freien, sondern nur frisch geputzte und dann auf Außentemperatur abgekühlte Objektträger und ein Fläschchen Lack. Es handelt sich nämlich im Grunde wieder um Lackabdrücke, wie sie im Kapitel „Abdrücke von Pflanzenblättern" bereits beschrieben wurden.

Wir können Zaponlack benutzen, den wir in Drogerien oder Farbgeschäften erhalten. Sollte er sich als zu dick erweisen, so kann er mit „Nitrolösungsmittel", das jeder Maler benutzt, verdünnt werden.

70

Besser als Zaponlack erscheint mir Eukitt, das wir als mikroskopisches Einschlußmittel schon kennen gelernt haben. Es muß aber mit Xylol (ein Lösungsmittel, das auch sonst in der Mikroskopie viel gebraucht wird) bis zur Dünnflüssigkeit vermischt werden. Wir halten von diesem Lack ein auf Außentemperatur abgekühltes Fläschchen bereit. Sobald es nach unseren Wünschen schneit, gießen wir einen Tropfen Lack auf das Ende eines Objektträgers und verstreichen ihn mit der kurzen Seite eines anderen — mit gleichmäßigem Druck und gleichmäßiger Geschwindigkeit auf die Oberfläche des ersten. Dann legen wir ihn mit der lackierten Seite nach oben hin und lassen den Schnee darauf fallen. Nach etwa einer Stunde ist der Lack erstarrt, und wir können ihn ins warme Zimmer holen. Was nach dem Erstarren noch darauf gefallen ist, stört uns nicht mehr, es schmilzt ab. Die Kristalle aber, die auf den noch halbflüssigen Lack gefallen sind, haben bleibende und der Zimmerwärme widerstehende Eindrücke hinterlassen.

Schneekristall, fiel mit einem kleinen Teil seiner Fläche auf den Rand des lackierten Objektträgers. Der größere Teil ragte darüber hinaus. Dauerpräparat. Schiefe Beleuchtung (125fach).

In Ruhe beobachten
Der Objektträger braucht kein Deckglas, und das ist gut, denn wir benutzen jetzt die ganze Fläche des Objektträgers als Präparat. Es sollte aber möglichst vermieden werden, die Lackoberfläche mit den Fingern zu berühren.

71

Die Betrachtung dieser Präparate bereitet erst jetzt die richtige Freude, denn sie kann in aller Ruhe geschehen. Außerdem können wir jede Beleuchtungsanordnung dafür ausprobieren.

Die richtige Beleuchtung

In der normalen „zentralen Hellfeldbeleuchtung" zeigen die Kristallabdrücke – genau wie Blattabdrücke – nicht ihre volle Schönheit. Um Einzelheiten richtig zu sehen, muß man auch hier stark abblenden. Sehr schön erscheinen sie in Dunkelfeldbeleuchtung, am allerschönsten aber, wenn zu dieser noch ein Stück des früher beschriebenen „Möndchens" der schiefen Beleuchtung hinzukommt. Auch das Phasenkontrastverfahren gibt prächtige Bilder. Da uns die Lackabdrücke nicht wie die frischen Schneeflocken durch Schmelzen und Verdunsten davonlaufen, können wir alle diese Versuche ausprobieren und sie auch später wiederholen.

Eine ganz eigentümliche, aber für unsere Zwecke sehr förderliche Eigenschaft scheinen die Lacke zu haben: Sie benetzen nämlich die Kristalle ganz leicht. So kommen Erscheinungen zustande, wie sie die nebenstehende Abbildung zeigt. Auf einen Objektträger sind hier bei großer Kälte und klarem Himmel sehr kleine Schneeplättchen gefallen. Eines von ihnen berührte ihn nur mit einem kleinen Stück, während der übrige Teil über den Objektträger hinaushing. Trotzdem ist er beidseitig vom Lack benetzt und damit erhalten worden. Schiefe Beleuchtung an der Grenze zur Dunkelfeldbeleuchtung läßt seine Einzelheiten aufleuchten wie prächtige Auslagen in einem Juweliergeschäft. Die Aufnahme entstand im warmen Zimmer.

Lackabdrücke enthalten keine Lufteinschlüsse

Die Lackabdrücke stehen an Formschönheit den frischen Kristallen nicht nach. Nur scheinen sie keine Lufteinschlüsse zu enthalten, wie sie offenbar in frischen Kristallen vorhanden sind. Das ist bei der Art ihrer Entstehung durchaus zu begreifen. Der begeisterte Amateur wird sich deshalb wohl nicht auf die Herstellung von Dauerpräparaten durch Lackabdrücke beschränken, sondern auch frisch gefallenen Schnee direkt beobachten und vielleicht fotografieren.

Kältemischung

Wer Wert darauf legt, auch bei Temperaturen über $-4°$ Schneekristalle zu beobachten und zu konservieren, kann die Objektträger

Farbtafel V:

Kolonie des Moostierchens Plumatella

Moostierchen (Bryozoen) finden sich im Süßwasser häufig an der Unterseite von Seerosenblättern in schleimumhüllten Kolonien. Ihre Fangarme tragen sehr feine Wimperhärchen, mit denen sie einen Nahrungsstrom herbeistrudeln, aus dem sie die geeigneten Teile entnehmen. Sie vermehren sich durch Knospung, erzeugen aber außerdem „Brutknospen", aus denen wieder neue Tiere hervorgehen.

Facettenauge der Garnele Lysmata seticaudata

Ein Schnitt durch das komplizierte Facettenauge eines Krebses. Es ist ebenso gebaut wie ein Insektenauge und erzeugt durch das Zusammenwirken der vielen Einzelaugen ein Bild der Außenwelt, das vermutlich aus vielen rasterartig nebeneinanderliegenden Punkten besteht.

über einer Kältemischung kühlen. Dazu wird irgendein Gefäß bis zum Rand mit Schnee gefüllt und auf seiner Oberfläche etwas Kochsalz (weniger als ein Teelöffel voll) verteilt. Hierüber legt man eine Platte aus Aluminiumblech. Auf dieser werden einige Objektträger nebeneinander gelegt. Werden sie zu stark gekühlt, so bildet sich auf ihnen ein störender Beschlag, der mit konserviert wird. Um diese Gefahr zu verringern, sollten die Objektträger möglichst weit vom „kalten Zentrum" entfernt sein. Auf diese Weise wird es glücken, auch Kristalle zu konservieren, die selbst bei Temperaturen um den Nullpunkt fallen. Daß sie nicht ganz die Schönheit haben wie Abdrücke, die bei tieferen Temperaturen gewonnen sind, wird verständlich sein, weil kleine Teilchen in der wärmeren Luft bereits geschwunden sind. Überhaupt sind regelmäßige schöne Schneekristalle seltener als wir zunächst meinen.

Auf alle Fälle gibt uns hier das Mikroskop einen tiefen Einblick in die Fülle und Schönheit der Natur an einer Stelle, die sonst kaum unsere Beachtung findet.

Pantoffeltierchen

Als Gegenstück zu der in einem früheren Kapitel enthaltenen Darstellung über die Beobachtungsmöglichkeiten an Fadenalgen soll hier auf ein Tier eingegangen werden, das wir uns leicht beschaffen und auch „züchten" können. Die mikroskopische Betrachtung dieses Tierchens gewährt uns tiefe Einblicke in Gesetzmäßigkeiten des Lebens. Es handelt sich um einen Vertreter derjenigen Tiergattung, die nicht mit Blattgrün versehen ist und aus nur einer einzigen Zelle besteht. Man nennt die Gruppe Einzeller oder Urtiere. Von den Wissenschaftlern werden sie als Protozoen bezeichnet, was etwa soviel bedeutet wie „ursprünglichste Lebewesen". Wir wissen aber heute, daß es noch andere gibt, die einen früheren Ursprung haben.

Pantoffeltierchen
Das Tier heißt wegen seiner Gestalt Pantoffeltierchen (Paramecium). Es liebt schmutziges Wasser und kommt in erheblichen Mengen besonders in Abwässern vor. Wir finden es mit großer Sicherheit in mit Abwässern verschmutzten Gräben. Wenn wir es weiter züchten wollen, überschütten wir getrocknete Salatblätter mit Wasser und

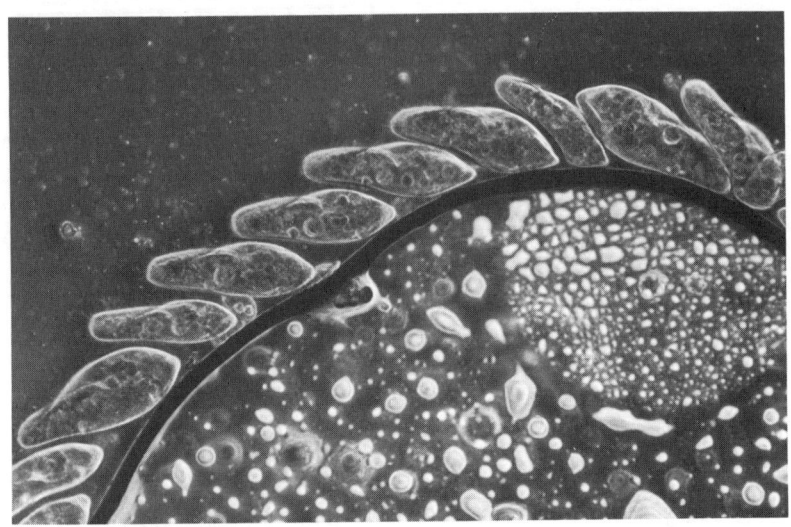

Pantoffeltierchen (Paramecien) an einer Luftblase. Mangel an Sauerstoff hat sie so zusammengedrängt (ca. 80fach).

lassen den Aufguß etwa zwei Tage stehen. In dieser Zeit haben sich eine Menge Bakterien entwickelt. Geben wir jetzt das Wasser aus dem schmutzigen Graben hinzu, dann finden die Pantoffeltierchen eine ihnen zusagende Nahrung und vermehren sich massenhaft. Ihre Vertilgung durch andere Lebewesen ist nicht zu befürchten, da diese in dem Salataufguß keine so günstigen Bedingungen vorfinden. Zur Zucht sollten nur verschließbare Gläser — z. B. Weckgläser, auf die man einen Deckel auflegen kann — verwendet werden, um den schlechten Geruch des Wassers nicht zu verbreiten. Die Pantoffeltierchen gedeihen auch unter Luftabschluß.

Man kann die Tierchen bereits mit einer Lupe oder sogar mit bloßem Auge sehen, wenn man ihre Gestalt kennt. Es sind leicht bewegliche Tierchen von etwa $1/3$ mm Länge. Sie halten sich mit Vorliebe in der von Bakterien wimmelnden „Kahmhaut" auf, die auf der Oberfläche des Salataufgusses schwimmt. In dieser findet man sie in großer Menge. Man kann von Zeit zu Zeit neue Salatblätter in den Aufguß geben. Nehmen die Pantoffeltierchen darin ab, oder gefällt uns aus anderen Gründen die Kultur nicht mehr, setzen wir in einem anderen Glas einen neuen Salatblätteraufguß an und geben etwas von der

74

Flüssigkeit des ersten Glases hinein. Um die Kultur auch auf einen längeren Zeitraum zu halten, sollte am besten in Abständen von etwa 2—3 Wochen ein neuer Aufguß angesetzt werden. Will man die

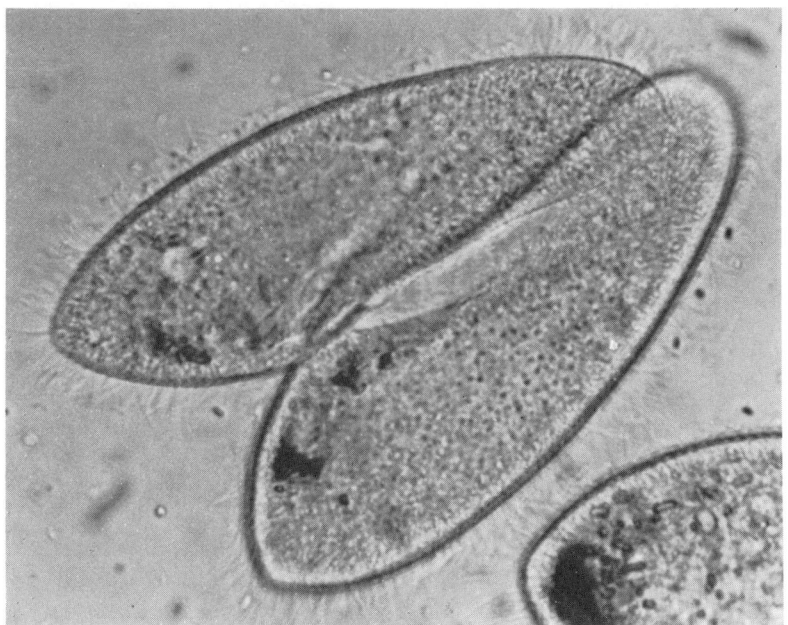

Pantoffeltierchen in Konjugation (550fach).

Pantoffeltierchen in besonders großer Menge haben, so gießt man die Kulturflüssigkeit in ein Standglas. Sie sammeln sich dann oben. In meinem Zimmer steht eine solche Zucht schon seit mehreren Jahren.

Da die Pantoffeltierchen immer wieder beliebte Versuchsobjekte der Wissenschaft sind, hat man genaue Untersuchungen angestellt, weshalb sie sich nach oben bewegen. Es ist nicht das Licht, das sie nach oben lockt; auch nicht der besondere Sauerstoffgehalt an der Berührungsstelle von Wasser und Luft. Vielmehr haben die Tiere offenbar ein ausgeprägtes Gefühl für die Schwerkraft und wollen ihr entgegen nach oben. Sie sind — wissenschaftlich gesprochen — negativ geotaktisch. Diese Wörter bedeuten, daß eine Bewegung entgegengesetzt zur Richtung der Schwerkraft stattfindet, wie es beispielsweise bei einem gefüllten Luftballon oder einer Luftblase im Wasser der Fall ist.

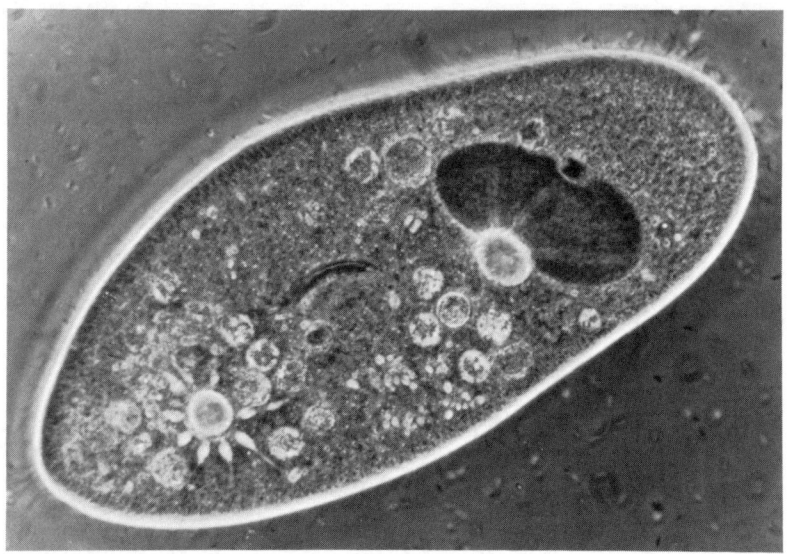

Pantoffeltierchen. Leicht gequetscht, Phasenkontrast. Schwarz der Großkern und in ihn hineingedrückt der Kleinkern, der Zellmund ist zu einem dunklen Bogen zusammengedrückt, 2 kontraktile Vakuolen, die Wasser aus dem Körper befördern, und Nahrungsvakuolen (450fach).

Präparat mit Pantoffeltierchen
Die Präparation ist wieder sehr einfach. Mit einer feineren oder gröberen Pipette entnimmt man am unteren Rande der Kahmhaut etwas Flüssigkeit und bringt sie auf einen Objektträger. Um zu verhindern, daß die Tiere in einer sehr dünnen Wasserschicht vom aufzulegenden Deckglas zerdrückt werden, legt man an die Ränder des Tropfens einige Splitter eines zerbrochenen Deckglases. Jetzt kann das vollständige Deckglas ohne Gefahr aufgelegt werden.
Bei schwacher Vergrößerung sehen wir eine Menge lebhaft durcheinanderwimmelnder Pantoffeltierchen, die wir wegen ihrer Schnelligkeit ohne besondere Vorkehrungen einzeln gar nicht genauer be-

trachten können. Ihre Fortbewegung verläuft in einer schraubenförmigen Bahn. Der ganze Körper ist in Schraubenlinien mit unzähligen feinsten Wimpern besetzt, die in einem regelmäßigen Rhythmus schlagen und dadurch die Fortbewegung bewirken. Dieser Rhythmus ist etwa mit den Bewegungen der Halme eines Getreidefeldes im Winde zu vergleichen.

Schreckreaktion

Es ist interessant, wie die Pantoffeltierchen sich verhalten, wenn sie an ein Hindernis stoßen. Eine „Verkehrsregelung" gibt es bei ihnen nicht. Sie riskieren einfach den Zusammenstoß und können das auch, da sie hinreichend leicht sind und keinen Schaden dabei erleiden. Es wird sofort der „Rückwärtsgang" eingeschaltet, das heißt die Wimperbewegung geht um eine kurze Strecke rückwärts. Ehe jetzt wieder auf Vorwärtsbewegung geschaltet wird, geschieht eine kleine Drehung. Trifft das Tier auch in der geänderten Richtung noch auf ein Hindernis, so wiederholt sich der Vorgang, und wenn das einige Male geschehen ist, findet es sich irgendwo wieder in freier Bewegung. Diese „Schreckreaktion" der Pantoffeltierchen ist natürlich keine überlegte Handlung, sondern als Instinkt angeboren. Sie erweist sich als überaus sinnvoll. Wir können die Reaktion der Tierchen schon bei ganz schwacher Vergrößerung gut erkennen, z. B. an den unter dem Deckglas liegenden Splittern oder auch am Rande des Deckglases, wo das Wasser zu Ende ist und die Luft beginnt.

Salzkorn als Hindernisfront

Als Hindernis wird von den Pantoffeltierchen nicht nur eine mechanische Schranke empfunden. Sie haben auch ein ausgeprägtes Gefühl für die chemische Zusammensetzung der Flüssigkeit, in der sie schwimmen. Legen wir beispielsweise ein kleines Körnchen Kochsalz in die Flüssigkeit am Rande des Deckglases, so wird die Salzlösung etwa halbkreisförmig in unser Präparat vordringen. Dieser „Kochsalzkreis" wird nun leer von Pantoffeltierchen. An seinem Rande können wir die Schreckreaktion genau beobachten. Den biologischen Erfolg sehen wir daran, daß nur ganz selten ein Tier in der salzigen Lösung umkommt. Es gelingt fast allen, sich in süßwasserhaltige Teile zu retten, solange solche noch vorhanden sind. Wenn wir das Fortschreiten der giftigen Lösung gut beobachten wollen, nehmen wir statt Kochsalz ein Körnchen des roten übermangansauren Kali.

Essigsäure

Verwenden wir anstelle des Salzkörnchens einen kleinen Tropfen verdünnter Essigsäure, so beobachten wir eine ähnliche Erscheinung. In einer bestimmten Verdünnung bemerken wir aber, daß dieses „Gift" eine eigentümliche Anziehungskraft auf die Pantoffeltierchen besitzt. In der ersten Zone des Eindringens der Essigsäure finden wir mehr Tierchen als im übrigen Wasser. Es entsteht der Eindruck, als ob die verdünnte Essigsäure eine ähnliche Wirkung hervorruft wie der Alkohol auf den Menschen. Während hundertprozentiger Alkohol für den Menschen in jeder Hinsicht schädlich und oft tödlich ist, tritt bei entsprechender Verdünnung eine anziehende und narkotisierende Wirkung ein.

Genauere Betrachtung einzelner Pantoffeltierchen

Wenn wir Pantoffeltierchen bei stärkeren Vergrößerungen genauer ansehen wollen, müssen wir ihre Bewegungen irgendwie bremsen. Eine Möglichkeit hierzu besteht darin, daß die Tiere in unserem Präparat vermutlich durch die Einwirkung der Stoffwechselprodukte ihrer vielen dicht gedrängten Artgenossen nach einiger Zeit ermüden. Gelingt es uns, sie soweit zu bringen, können wir ihren Körperbau ungestört beobachten. Nur so vermögen wir z. B. die Wimpern nach Lage und Bewegung gut zu erkennen. Noch einfacher und schneller kommen wir zum Ziel, wenn wir die stützenden Deckglassplitter entfernen. Nach Zugabe zusätzlicher Flüssigkeit an einer Seite können wir die Splitter mit einer feinen Nadel unter dem Deckglas hervorholen. Jetzt saugen wir vorsichtig und langsam mit einem Stückchen abgeschnittenen (nicht abgerissenen!) Fließpapier einen Teil des Wassers fort. Sobald wir merken, daß Tierchen zwischen Deckglas und Objektträger soweit eingeklemmt werden, daß sie sich nicht mehr bewegen können, stellen wir das Aufsaugen ein. Das muß natürlich unter ständiger Beobachtung unter dem Mikroskop geschehen.

Außer der Wimperbewegung, die nur das völlig ungestörte Tier einwandfrei zeigt, können wir viele Einzelheiten des Körpers erkennen. Eine leichte Eindellung, zu deren unterem Ende ein besonders starker Wasserstrom von den Wimpern geführt wird, ist der „Zellmund". Dieser Wasserstrom bringt eine unzählige Menge von Bakterien in den unteren Teil der Delle. Dort schnürt sich von Zeit zu Zeit eine mit Bakterien gefüllte „Nahrungsblase" ab und beginnt, ihren Weg in den Körper zu nehmen. Man sieht in dieser oder in einer früher abgeschnürten Blase die Absonderung einer Flüssigkeit zur Verdauung der Bakterien. Bei guter Bakteriennahrung ist der ganze Körper des Pantoffeltierchens mit solchen Nahrungsblasen gefüllt, deren unverdaulicher Inhalt nach dem Kreislauf im Körper seitlich in der Nähe des spitzen hinteren Endes ausgestoßen wird. Bedienen wir uns eines harmlosen Farbstoffes, so können wir dem Pantoffeltierchen noch viel tiefer in den Magen schauen. Wir verwenden dazu Karmin oder Kongorot, das wir auch in geringer Menge und zu einem niedrigen Preis von der Lehrmittelabteilung des Kosmos, Stuttgart, Pfizerstr. 5/7 erhalten. Eine ganz kleine Messerspitze dieses Farbstoffes wird in 1—2 ccm Wasser gelöst und verrührt. Von dieser Lösung bringen wir einen Tropfen in gewohnter Weise an den Deckglasrand und saugen an der entgegengesetzten Seite mit Fließpapier vorsichtig Wasser fort. Jetzt dringt der Farbstoff weiter unter dem Deckglas vor. Da er noch nicht völlig gelöst ist, enthält er noch kleine Körnchen, die von dem Pantoffeltierchen mit Bakterien verwechselt und gefressen werden. Die Körnchen wandern in die Nahrungsbläschen und färben sie an. Da die Farbstoffe in saurer Flüssigkeit eine andere Färbung hervorrufen als in alkalischer, können wir den Zustand der Verdauungsflüssigkeit beim Durchgang durch den Körper verfolgen. Kongorot färbt sich in saurem Zustand blaurot, im alkalischen scharlachrot. Es zeigt sich auf diese Weise, daß die Nahrungsblasen im Anfang sauer sind, dann aber — wahrscheinlich, wenn der Verdauungsvorgang abgeschlossen ist und die Aufsaugung durch den Körper beginnt — alkalisch werden. Es ist der gleiche Vorgang, wie er auch in unserem Darm auftritt. Es wirkt fast wie ein Wunder, wenn wir im Mikroskop beobachten, wie an Bruchteilen von millionstel Gramm eines Stoffes die chemischen Vorgänge im Körper eines lebenden Tieres sichtbar gemacht werden.

Pantoffeltierchen an Luftblasen
Wenn Luftblasen in unser Präparat gelangen, dann stellen wir zumeist fest, daß sich Massen von Pantoffeltierchen an ihnen sammeln. Die gleiche Erscheinung bemerken wir auch am Rand des Deckglases. Es ist leicht zu sagen, daß sie offenbar in dem Präparat Mangel an den Gasen haben, die sich in den Blasen befinden. Nicht so leicht ist es aber, mit unseren einfachen Mitteln festzustellen, welcher Art die in den Blasen enthaltenen Gase sind. Es erscheint aber

sicher, daß die zwischen Objektträger und Deckglas in Mengen eingeklemmten Tiere ein gewisses Bedürfnis nach Sauerstoff haben, wie wir selbst uns in engen und mit vielen Menschen angefüllten Räumen nach frischer Luft sehnen.

Kontraktile Vakuolen
Im Körper des Pantoffeltierchens fallen uns zwei Blasen an beiden Enden des Tieres auf, die abwechselnd größer und kleiner werden. Es fällt nicht schwer, an diesen beiden Blasen in sternförmiger Anordnung Kanäle zu sehen, die ihnen Wasser zuführen. Dieses wird, wenn die Blase gefüllt ist, nach außen ausgestoßen. Die Blasen, die man „kontraktile Vakuolen" nennt, entsprechen etwa den Nieren unseres Körpers. Sie beseitigen überflüssiges Wasser zusammen mit den für den Körper schädlichen Stoffen. Man kann leicht mit der Uhr feststellen, wie lange eine solche Blase zur Füllung und Entleerung braucht. Legt man jetzt das Präparat einige Minuten auf die warme Hand, so ermitteln wir eine kürzere Zeit; umgekehrt eine längere, wenn wir es kurz auf einen Eiswürfel aus dem Kühlschrank legen. Wir erkennen wieder das allgemeine Gesetz, daß die Lebensvorgänge in größerer Wärme schneller verlaufen als in der Kälte.
Gelegentlich können wir auch den Zellkern des Pantoffeltierchens erkennen. Je mehr das Tier von dem Deckglas gedrückt wird, desto eher gelingt diese Beobachtung.
Das Bild auf Seite 76 läßt uns außer dem zu einem Bogen zerdrückten Zellmund alle bereits beschriebenen Einzelheiten erkennen. Der etwas ovale Zellkern tritt hier ganz stark hervor. Er besteht aus einem sehr großen und einem kleinen kugelförmigen Teil, der auf dem Bild halb in den großen eingelagert ist (Großkern und Kleinkern).

Teilung
Der Vermehrungsvorgang verläuft beim Pantoffeltierchen sehr einfach. Es schnürt sich in der Mitte ein, und aus jeder so entstandenen Hälfte bildet sich ein neues Tier. Die zunächst fehlenden Organe entstehen vor der endgültigen Durchschnürung. Es handelt sich hier um eine ungeschlechtliche Fortpflanzung. Sie ermöglicht eine sehr rasche Vermehrung, da unter günstigen Umständen etwa jede halbe Stunde eine neue Teilung erfolgt. In unseren Kulturen können wir diese Teilungsvorgänge leicht beobachten.

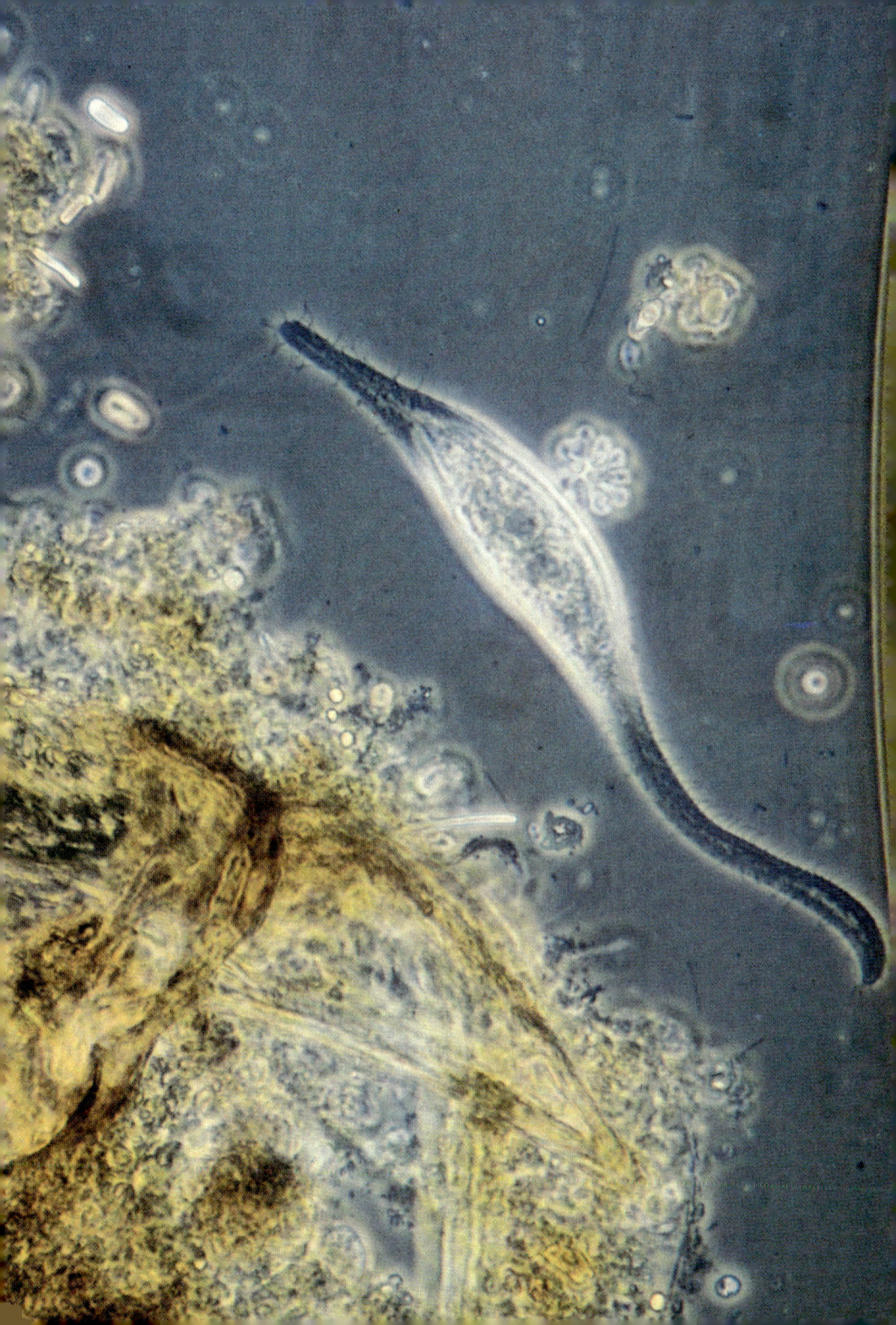

Farbtafel VI:
Wimpertierchen Loxodes magnus
Großes, sehr biegsames Wimpertierchen, das vereinzelt, aber auch gelegentlich häufig im Faulschlamm vorkommt.

Konjugation

Außer der einfachen Teilung werden wir feststellen, daß sich zwei Tierchen in bestimmter Weise aneinanderlegen und etwa 24 Stunden in dieser Lage verharren. Dann trennen sie sich wieder, als ob nichts geschehen wäre. Tatsächlich aber sind Bestandteile der Zellkerne und damit Erbmasse ausgetauscht worden. Die Konjugation ist also ein geschlechtlicher Vorgang, der sich aber auf den Austausch von Kernmasse beschränkt. Eine Vermehrung folgt nicht unmittelbar darauf.

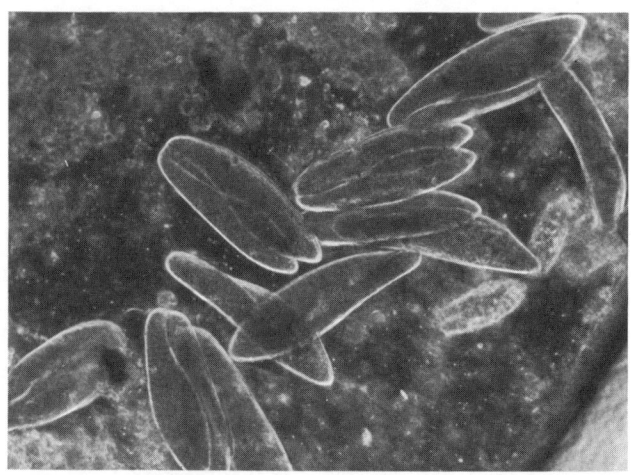

Konjugations-
epidemie
(100fach).

Während Konjugationen in guten Zeiten der Kultur nicht allzu häufig sind, gibt es manchmal − offenbar in schlechten Zeiten − geradezu „Konjugationsepidemien", in denen man fast nur Konjugationsfiguren sieht. Es stimmt also auch hier die bei den Fadenalgen angegebene Regel, daß geschlechtliche Vermehrung in Zeiten der Not erfolgt, während die ungeschlechtliche in Zeiten des Überflusses zu schnellem Wachstum führt.

Der Liebhaber kann alle beschriebenen Vorgänge und vielleicht noch manches andere an den Pantoffeltierchen beobachten. Mit den vielfältigen Informationen, die er auf diese Weise an dem so einfachen Tier gewinnt, das bei näherem Zusehen doch so kompliziert geartet ist, dürfte seine Überzeugung wachsen, daß sich wieder ein Teil der Anschaffung des Mikroskops gelohnt haben dürfte.

Weitere Einzeller

Neben den Pantoffeltierchen gibt es unter den Einzellern noch viele verschiedene Arten, über die kurz berichtet werden soll.

Wechseltierchen (Amöben)

Zur Gewinnung dieser *Amöben* und *Sonnentierchen* versuche man, mit einem Löffel die oberste Schlammschicht eines Tümpels abzuschöpfen. Man wird fast immer Glück haben, in einem dünnen Präparat dieses Schlammes, welches wir mit der Pipette auf einen Objektträger bringen und mit einem Deckglas bedecken, Amöben zu finden. Klappt es beim ersten Versuch nicht, fasse man eine Anzahl Stengel von Binsen und Schilfrohr zusammen und stecke sie in den Schlamm. Nach einigen Tagen holt man sie wieder heraus und untersucht das am untersten Ende des Bündels hängende Wasser und den Schlamm.

Haben wir den Tieren in diesem Schlamm einige Zeit Ruhe gelassen, so finden wir mit großer Wahrscheinlichkeit Amöben. Es sind kleine und größere Tiere ohne jede feste Gestalt, die unendlich langsam durch das Bildfeld des Mikroskops „fließen", immer neue Fortsätze bilden, die alten einziehen und sich so fortbewegen. Freßbare Dinge werden überflossen und eingeschlossen. Die Amöbe bildet um sie herum Verdauungsbläschen.

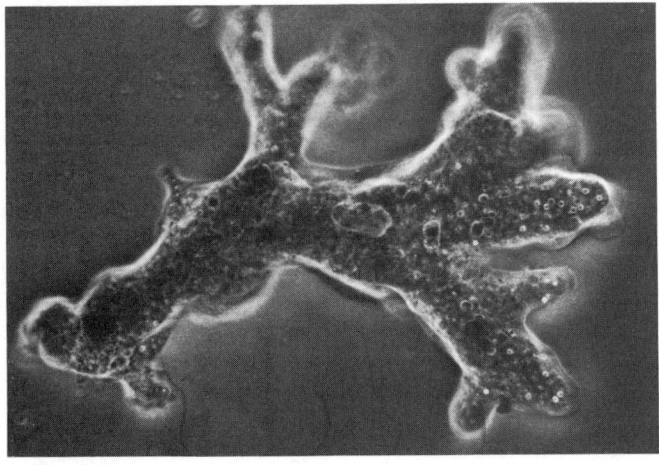

*Amöbe
(100fach).*

Es lohnt sich, eine Amöbe einige Zeit im Gesichtsfeld zu behalten, sie genauer anzusehen und ihr auf ihrem Wege zu folgen. Beim Ausstrecken ihrer Fortsätze — Scheinfüßchen genannt — bemerken wir eine äußere Zone, die frei von Körnchen und anderen Einschlüssen bleibt, während eine innere Zone solche Einschlüsse enthält. Oft können wir den Zellkern feststellen und beobachten. Auffällig ist vor allem, daß sich in den meisten Fällen ein solches Tier auf lange Strecken „zielbewußt" fast geradlinig immer in der gleichen Richtung fortbewegt. Ein Glücksfall ist es, wenn man eine Amöbe von der Seite her sehen kann wie z. B. 2 Stück an einer Luftblase.

Sonnentierchen
Eine zweifellos wesentlich vollkommenere Form haben die Sonnentierchen. Auch sie gehören zur Gruppe der „Wurzelfüßer". Eines der häufigsten und schönsten wird reichlich 1 mm groß und ist bei genauer Betrachtung im Glase an dem eigentümlich milchigen Aussehen bereits mit bloßem Auge erkennbar. Unter dem Deckglas muß das Tier durch Splitter eines Objektträgers vor dem Zerdrücken geschützt werden. Das Sonnentierchen besitzt eine kugelförmige Gestalt und hat Hunderte feiner strahlenförmiger Fortsätze. Am schön-

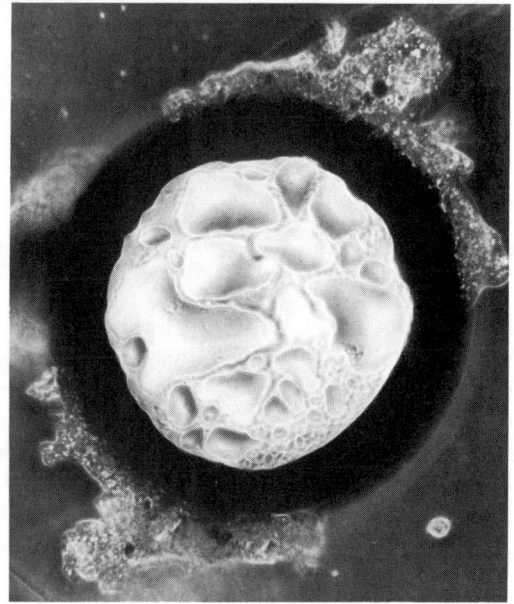

Zwei Amöben an einer Luftblase, so daß sie von der Seite gesehen werden können (110 x).

sten wirken sie — wie eine nach allen Seiten strahlende Sonne — im Dunkelfeld der Mikroskopbetrachtung. Die Strahlen dienen aber keineswegs der Schönheit, sondern es sind grausame Waffen. Was an kleinen Lebewesen im Wasser davon berührt wird, ist bald gelähmt und wird durch eine zunächst unerklärlich scheinende Kraft zur Kugeloberfläche hingezogen, von dieser „geschluckt" und mit einem Verdauungsbläschen umgeben. In etwas stärkerer Vergrößerung se-

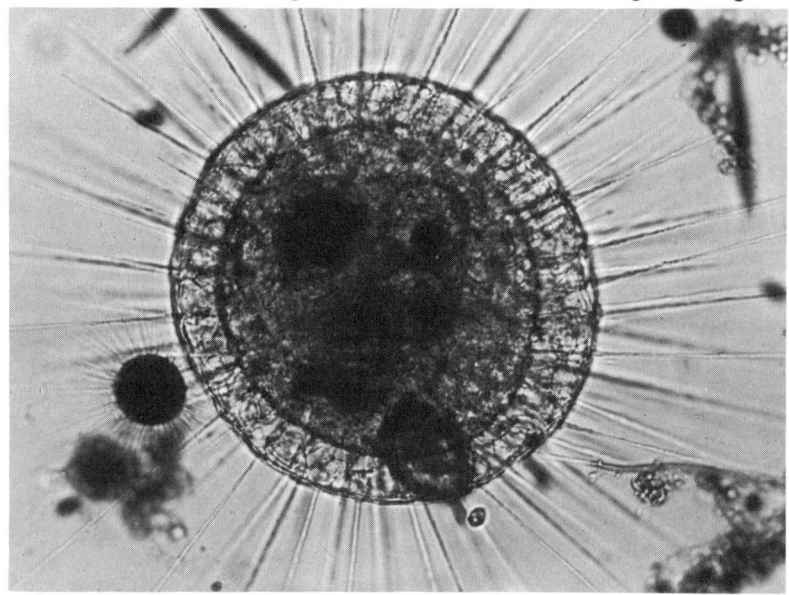

Sonnentierchen (Actinosphaerium). Ein Plasmarand umgibt jeden Strahl, an dem Tiere hängen bleiben, betäubt und an die Kugel herangezogen werden. Dort werden sie mit einer Blase von Verdauungssaft umgeben. Links ein kleineres Sonnentierchen (Actinophrys) (130fach).

hen wir genau den Bau der Strahlen, die übrigens keineswegs starr sind, sondern sich weit biegen können, wenn es z. B. gilt, eine größere Beute zu fangen. Der mittlere Teil der Strahlen ist rings von Protoplasma umgeben. Man kann es bereits bei nicht allzu schwacher Vergrößerung an dem mittleren Fadenteil entlang in beiden Richtungen fließen sehen. Diese Protoplasma-Umhüllung kann die Beute vergiften und abtransportieren. Die Sonnentierchen können für ihre Verhältnisse recht große Beutetiere überwältigen, wie beispielsweise Pantoffeltierchen und sogar kleine Krebschen.

84

Sonnentierchen schließen sich manchmal zu „Freßgemeinschaften"
zusammen, wobei ein Teil ihrer Strahlen zusammenwächst. Es können sich dabei oft merkwürdige Gebilde ergeben, die an ein Atom-
modell erinnern.

*Sonnentierchen
zu einer Gemein-
schaft (Freß-
gemeinschaft?)
verbunden.
(Aufnahme
Karl Löfflath)
(100fach).*

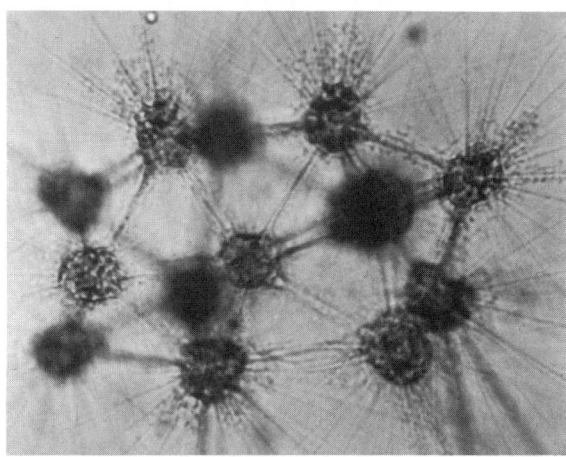

Trompetentierchen (Stentor)
Nicht zu den Wurzelfüßern, sondern zu den Wimpertierchen (wie das
Pantoffeltierchen) gehören die Trompetentierchen. Sie werden fast
mit jeder Wasserprobe eingetragen, die Wasserpflanzen enthält. Die
Trompetentierchen sind verhältnismäßig groß und können deshalb
kaum übersehen werden. Nur treten sie in verschiedener Gestalt
auf. Ihre normale Form ähnelt einer Posaune, deren „Mundstück"
an irgendeinem festen Gegenstand angeheftet ist, und die Trompete
wird zum Ende hin immer weiter. An dieser Stelle befindet sich die
Mundöffnung des Tieres. Der Mund ist von einer flachen Wimperspirale umgeben. Diese strudelt kleine Lebewesen in die Mundöffnung, um sie aufzusaugen und als Nahrungsbläschen durch den Körper wandern und verdauen zu lassen. In dieser Form sitzen die Tiere
manchmal zu Tausenden an den Blättern von Wasserpflanzen. Werden sie aber gestört, so lösen sie sich ab. Die weiterstrudelnde Wimperspirale gibt ihnen nun einen schnellen Vortrieb. Die Trompeten-
form wandelt sich zu einer glockenförmigen um, und als so frei bewegliche Tiere erscheinen sie ihrer eigentlichen Form völlig entfrem-
det. Genaueres Zusehen zeigt aber doch die charakteristische Wim-

perspirale am Mund. Arbeitet man schnell und trotzdem ruhig, so kann man ein kleines, stark mit Trompetentierchen besetztes Pflanzenstück mit der Schere abschneiden, mit einer Pinzette fassen und in einen Wassertropfen auf den Objektträger bringen, ohne daß sich viele Tiere ablösen. Objektträgersplitter sind zum Schutz unter das Deckglas zu legen.

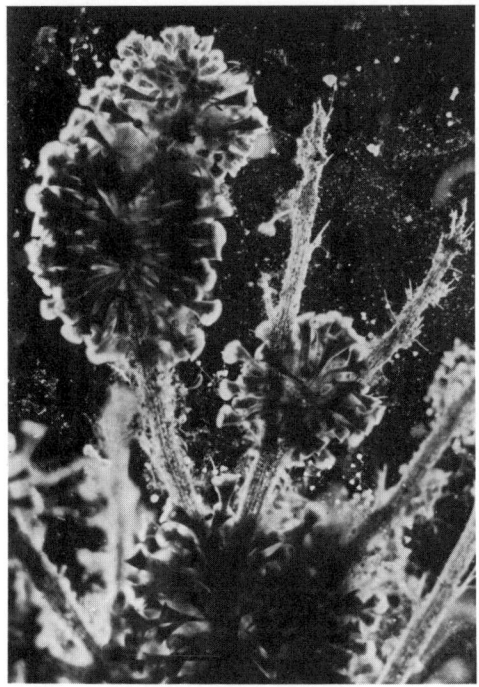

Große Mengen von Trompetentierchen (Stentor) an einer Wasserpflanze. — Der gesamte Pflanzenbestand in einem Torfstichloch war mit solchen Massen von Trompetentierchen besetzt (ca. 6fach).

Hat man sehr viele so aufgestörte Trompetentierchen in einem Glasgefäß, so beginnen sie sich überall — auch an der Glaswand — festzusetzen. Das Erstaunliche dabei ist, daß sich immer viele an einer Stelle versammeln. Sie müssen also einen — wahrscheinlich chemischen — Sinn haben, mit dem sie Artgenossen erkennen. Sehr gerne setzen die Tierchen sich an einen kleinen Pflanzen- oder Schmutzrest. Wir haben dadurch die Möglichkeit, das Präparat einer solchen Gruppe auf einen Objektträger zu bringen, wo wir sie mit allen Vergrößerungen und Beleuchtungsarten beobachten können. Zu diesem Zweck stoßen wir eine solche Kolonie mit einer Rasierklinge scharf

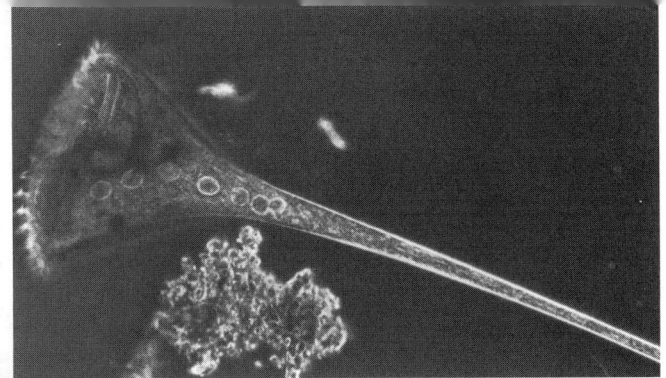

Trompetentierchen. Das rosenkranzartige Gebilde ist der Zellkern (110fach).

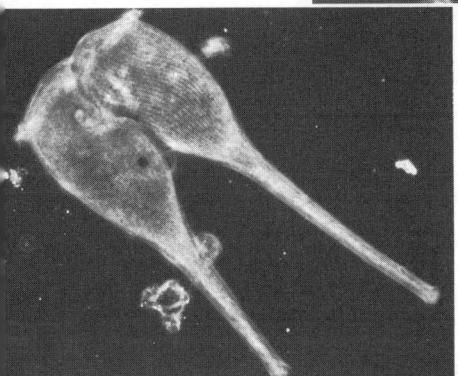

Konjugation bei Trompetentierchen (160fach).

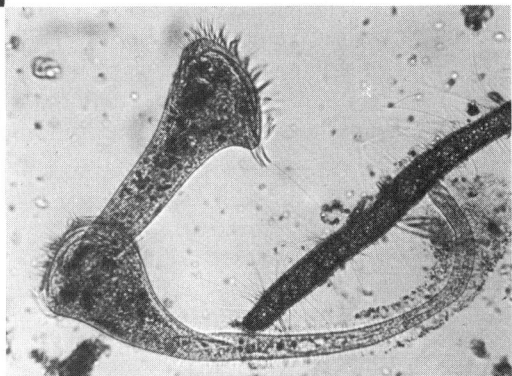

Trompetentierchen in Teilung (100fach).

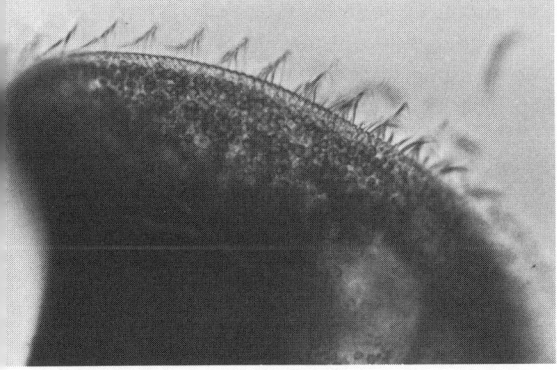

Mundrand eines Trompetentierchens. Der Elektronenblitz hat die Stellung der Wimpern bei ihrem schnellen Schlag festgehalten. Jede machte damals 28 Schläge je Sekunde (400fach).

an der Glaswand ab, saugen sie schnell mit einer Pipette von ausreichender Weite auf und bringen sie vorsichtig auf einen bereitgehaltenen Objektträger. Das sollte alles rasch, aber ohne wesentliche Erschütterungen vor sich gehen, damit sich möglichst wenig Tiere aus der Kolonie lösen. Nach einiger Zeit der Beruhigung strudeln die Tiere mit lang ausgestrecktem Körper lustig weiter.

Die Wimperspirale um den Mund ist bei Trompetentierchen recht auffällig. Sie kann bereits bei mittlerer, ganz vorzüglich aber bei stärkerer Vergrößerung beobachtet werden. Da der Wimperschlag sehr schnell geht, entzieht er sich zwar dem Erkennen mit gewöhnlicher Beleuchtung, wenn wir nicht einen Trick anwenden: Genau wie das unterbrochene Leuchten von Quecksilberdampflampen zu erkennen ist, wenn man sie in einem bewegten Spiegel sieht oder das Auge schnell bewegt, so kann man auch Augenblicke des Wimperschlages wahrnehmen, wenn das Auge schnell durch das Bildfeld des Mikroskops wandert.

Bei schiefer Beleuchtung oder Dunkelfeldbeleuchtung sind die Wimpern besonders gut sichtbar. Fotografisch ist der Wimperschlag mit sehr kurzen Momentaufnahmen (Elektronenblitz) in allen Einzelheiten leicht festzuhalten.

An einzelnen Trompetentierchen sind manche Feinheiten des Körperbaues erkennbar. So der Zellkern, der wie ein Rosenkranz aus einzelnen Kugeln zusammengesetzt ist und die in Reihen (ähnlich wie beim Pantoffeltierchen) stehende Bewimperung. Bei der Aufnahme eines Konjugationsvorganges zeigt sogar ein Tier enge, ein anderes weiter voneinander entfernt stehende Wimperreihen am Körper.

Glockentierchen

Überaus liebenswürdige Vertreter der einzelligen Tiere sind die in vielen Arten auftretenden Glockentierchen. Sie erscheinen als aufrecht stehende Glocken, deren Rand einen Wimperkranz trägt, ähnlich wie bei den größeren Trompetentierchen. Befestigt ist die Glocke an einem Stiel, der recht eigenartige Fähigkeiten hat. So ist plötzlich eines der meist in Gesellschaft auftretenden Tierchen anscheinend verschwunden, taucht aber nach kurzer Zeit mit einem Stiel auf, der die Form eines Korkenziehers hat und sich langsam wieder geradlinig streckt. Er hat sich in dem Augenblick, als das Tier erschrak, zum Korkenzieher zusammengezogen. Meistens gelingt es,

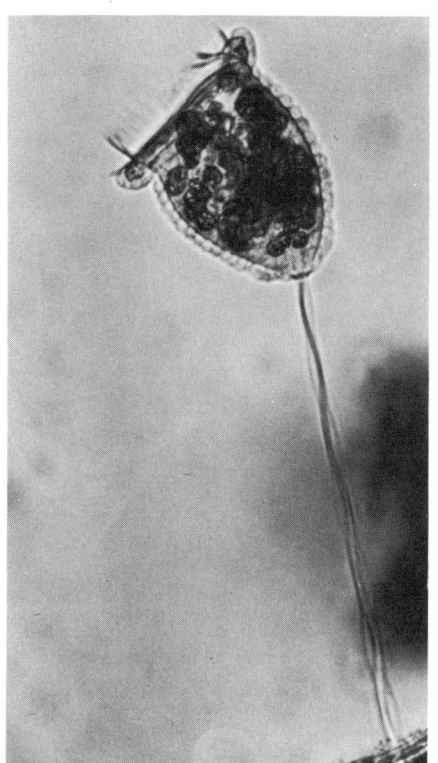

Glockentierchen. Sitzt mit Stiel an Algenfaden. Der Mund ist umgeben mit einem sehr schnell schlagenden Wimperkranz, den selbst der Elektronenblitz nicht scharf wiedergeben konnte. Eine fein geringelte Haut umgibt den Körper. — — Die (grünen) Kugeln sind einzellige Algen, die entweder verdaut werden oder in Symbiose mit dem Tier leben (480fach).

diese Reaktion durch einen kurzen Schlag oder Stoß mit einem metallenen Gegenstand auf den Objektträger künstlich hervorzurufen. Diese Reaktion dient der Lebenserhaltung des Tieres, das sich damit nicht nur aus dem Gesichtsfeld des Mikroskops, sondern auch aus dem Wahrnehmungsgebiet eines Feindes entfernt.

Auffällig muß die große Strecke erscheinen, um die das Tier durch die Zusammenziehung des Stieles fortgezogen wird, denn der Stiel verkürzt sich auf $^1/_{10}$ bis $^1/_{20}$ seiner eigentlichen Länge. Die Lösung liegt in der Korkenzieherform. Eine starke Vergrößerung zeigt uns, daß der Stiel aus einer gallertähnlichen Masse besteht, in die in einer leicht schraubenförmigen Windung ein muskelartiger Faden eingebettet ist. Zieht sich dieser auch nur um einen kleinen Betrag zusammen, so wird die ihn umgebende Gallertmasse in die korkenzieherartige Form gezwungen. Trotz geringer Zusammenziehung des Fa-

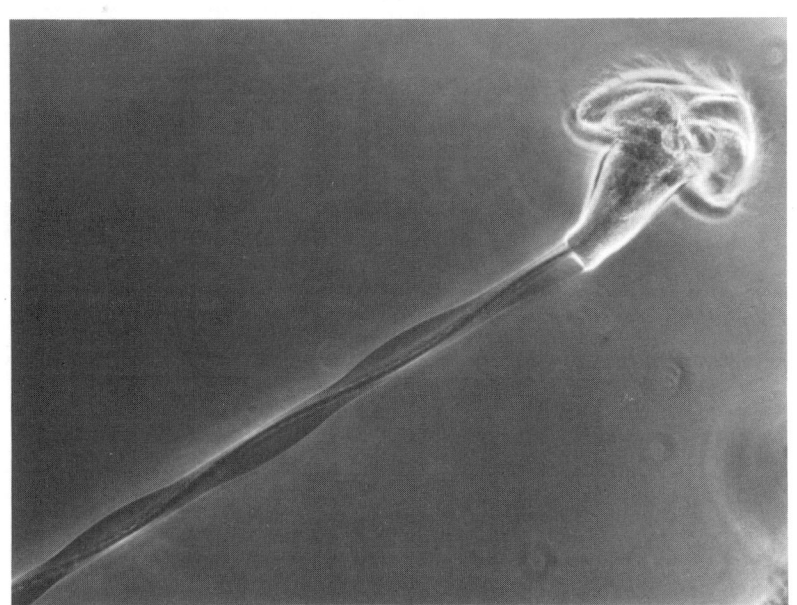

Ausgestreckter Stiel eines Glockentierchens. Er enthält in leicht schraubig gedrehter Lage einen zusammenziehbaren „Muskelfaden" (400fach).

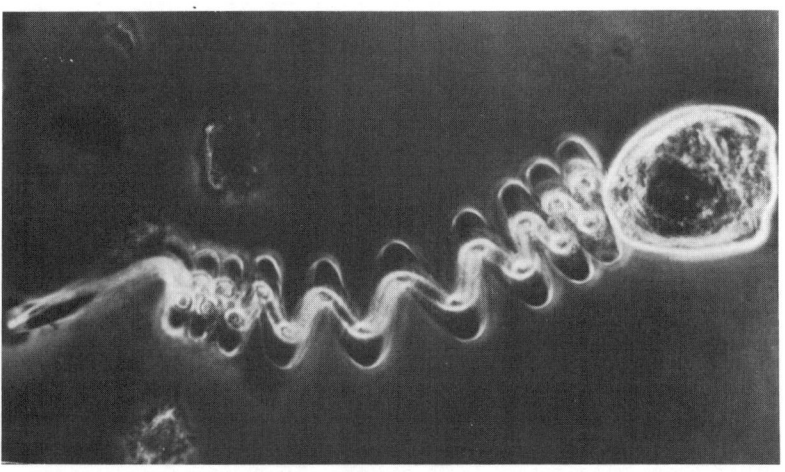

Zusammengezogener Stiel eines Glockentierchens (400fach).

dens wird nun eine erhebliche Verkürzung des gesamten Stieles be-
wirkt, so daß das Glockentierchen dem Zugriff eines Feindes weit
entzogen ist. Betrachtet man die Dinge aufmerksam, so werden wir
viele Wunder dieses Stieles feststellen. Sein Zusammenziehen in der
beschriebenen Art hat auch noch die Wirkung, daß es in einer größeren Ansammlung von Glockentierchen, die vielfach gleichzeitig die
Schreckreaktion vollziehen, so gut wie nie vorkommt, daß auch nur
zwei Tiere sich gegenseitig behindern.

An der Glaswand eines Sammelgefäßes finden sich oft bis zu 1 cm
große bäumchenförmige Kolonien von Hunderten von Glockentierchen. Man stößt sie mit dem Ende einer weiten Pipette ab, saugt sie
auf und bringt sie schonend auf einen Objektträger. Als Zwischen-
lage genügen Deckglassplitter. Beim Abstoßen ziehen sich sämtliche
Tierchen zusammen. Das ganze Bäumchen setzt seine „erschreck-
ten" Zuckungen noch einige Zeit fort, bis allmählich eine Beruhigung
eintritt. Teile einer solchen Kolonie sind gute Objekte für schiefe
Beleuchtung.

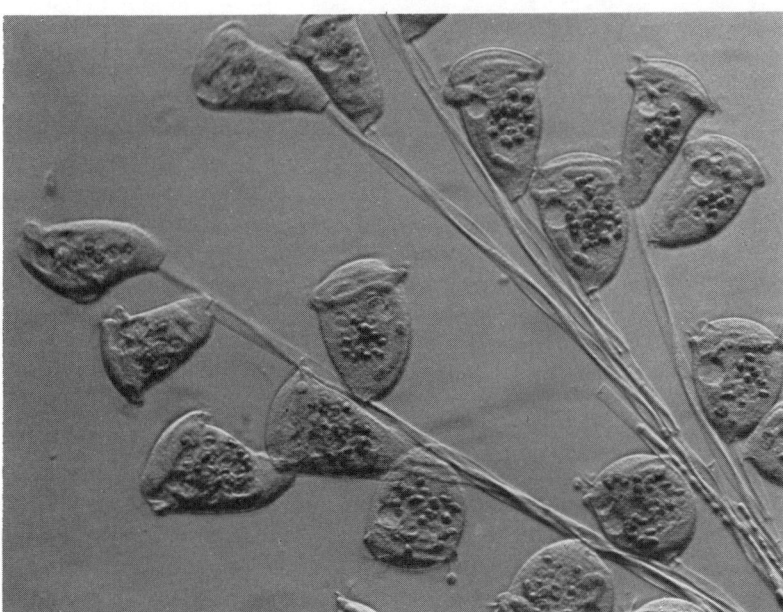

*Zweig eines Bäumchens des Glockentierchens Carchesium polypinum. Auf-
nahme mit schiefer Beleuchtung (100fach).*

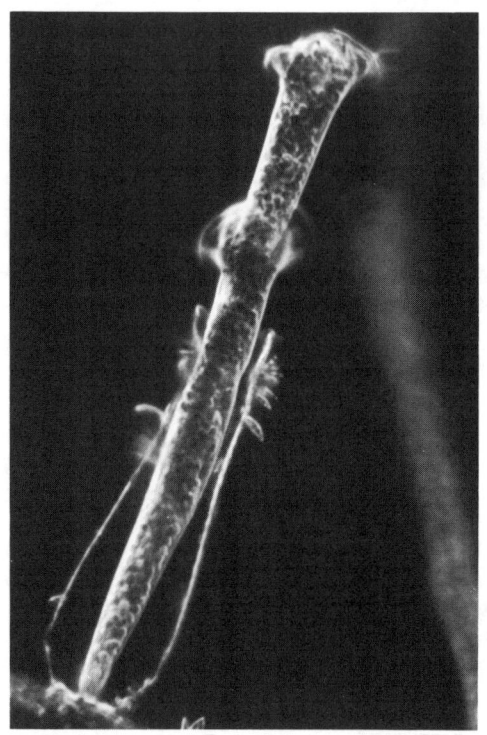

Gehäusebauendes Wimpertierchen (Thuricola folliculata). Dunkelfeld durch Sternblende (140fach).

Gehäusebildende Wimpertierchen

Manche Wimperntierchen entfalten eigenartige Fähigkeiten. Sie sind imstande, als Abscheidung ihres Körpers eine gehäuseartige Hülle zu bilden, die sie vor dem Zugriff von Feinden schützen kann. Man findet solche Wimpertierchen oft in dem Algenrasen, der an der Mauer von Teichen wächst. Man muß ihn abkratzen und in einem Glas mit dem Wasser des Fundortes halten. Meist haben diese Algen grobe und — im Gegensatz zu den Fadenalgen — verzweigte Fäden. Es handelt sich dann etwa um die Alge Cladophora. In der bei den Fadenalgen bereits beschriebenen Weise werden wenige Fäden mit 2 Nadeln im Wasser auseinandergezogen und mit einem Deckglas bedeckt.

Symbiose mit Zoochlorellen

Wir finden an den Fäden der Cladophora oft etwa becherförmige durchsichtige Gehäuse, aus denen sich nach einiger Zeit zögernd ein Tierchen hervorstreckt, das am Ende einen Mund mit strudelnder Wimperspirale öffnet. Dieses Tier hat — wie übrigens eine ganze Anzahl von Einzellern — auch eine Ähnlichkeit mit Stentor. Es hat eine grünliche Färbung. Diese grünen Zellen, die fast wie Blattgrünkörper aussehen, gehören aber nicht als eigentliche Bestandteile zu seinem Körper. Es handelt sich vielmehr um selbständige Lebewesen und zwar um einzellige Algen (Zoochlorellen), die das Leben im Körper eines solchen Tieres dem in der Freiheit vorzuziehen scheinen. Dies ist kein Schmarotzertum, wie wir es bei den Fadenalgen kennengelernt haben, sondern eine Lebensgemeinschaft, die jedem der beiden Partner Vorteile bringt. Wir nennen ein solches Verhältnis *Symbiose.* Es kommt in der Tier- und Pflanzenwelt in den verschiedensten Formen vor; hier sogar zwischen Tier *und* Pflanze.

Thuricola folliculata mit grünen Zoochlorellen. Das Tier öffnet soeben seinen Wimperkranz. Der Schutzdekkel des Gehäuses, der sich durch seine Federkraft zu schließen versucht, drückt sich in den weichen Körper des Tieres ein (100fach).

Wie wir früher sahen, dissimiliert das gehäusebildende Wimpertierchen Thuricola folliculata (es besitzt keinen deutschen Namen). Es „verbrennt" organische Stoffe zu Kohlensäure und braucht dazu Sauerstoff. Umgekehrt verbrauchen die Algen Kohlensäure, um sie in organische Stoffe, die ihrem Aufbau dienen und in Sauerstoff aufzuspalten. Die Stoffwechselvorgänge beider Partner ergänzen sich also insofern, als jeder die lästigen Abfallstoffe des andern braucht und sie durch die Symbiose erhält. Allerdings läßt sich nicht verheimlichen, daß das Wimpertierchen, wenn es Hunger leidet, sich oft an dem sonst geschätzten Partner vergreift, die Zoochlorellen verdaut und damit dem harmonischen Verhältnis ein Ende bereiten kann.

Zumeist findet man in einem Gehäuse zwei Tiere. Sie sind durch die bei Einzellern übliche Zellteilung entstanden. Eines von beiden muß also weichen und ein neues Gehäuse bauen. Dabei geht das Tier

93

recht kunstvoll vor. Um die becherartige Form zu erzeugen, muß es mit seiner Mundpartie, an der es die Hülle ausscheidet, immer den gerade erforderlichen Durchmesser haben, und der wird auch mit großer Genauigkeit eingehalten.

Der Schutzdeckel
An einer besonders engen Stelle sitzt ein Deckel, der dem Tier bei einem Angriff Schutz gegen einen Feind gewähren kann. Er schließt sich unmittelbar hinter dem sich schnell zusammenziehenden Tier, öffnet sich aber nicht erst dann, wenn es bei neuerlicher Ausdehnung daran stößt, sondern bereits kurz vorher. Der Deckel wird also schon durch die Ausdehnung des Tieres von einem geheimnisvollen Mechanismus geöffnet, bevor es ihn aufdrückt.

Das Heer der Einzeller ist ungeheuer zahlreich. Es sind nur einige Vertreter dieser Gattung beschrieben worden, die häufig vorkommen. Leider kann man nicht mit Bestimmtheit sagen, wann diese oder jene Art in einer Wasserprobe auftritt. Es bleibt dem Amateur-Mikroskopiker nichts anderes übrig, als an verschiedenen Stellen ausgiebig zu „tümpeln", Wasserpflanzen einzutragen, Algensammlungen von Mauern und Pfählen abzukratzen, Plankton einzufangen und die so erhaltenen Proben zu untersuchen. Er wird bei diesem „Sport" immer wieder neue Überraschungen erleben und immer wieder neue Beute für sein Mikroskop finden.

Die Anfertigung von Dauerpräparaten freilebender Wassertiere lohnt sich nicht. Jedes tote Wesen entbehrt der ursprünglichen Lebensfrische, womit natürlich das Bestreben der Wissenschaft nicht angefochten werden soll, an toten Lebewesen Dinge zu erforschen, die vom lebenden nicht preisgegeben werden. Dem Liebhaber aber wird die Beobachtung des unmittelbar Lebendigen zunächst am wichtigsten sein.

Rädertierchen

Sehr schöne und merkwürdige Bilder vermittelt uns das Mikroskop von einer anderen, etwas absonderlichen Tiergruppe, den „Rädertierchen" (Rotatorien). Es sind vielzellige Tiere, die einer höheren Stufe angehören als die Einzeller, obwohl viele von ihnen erheblich kleiner sind als z. B. die Trompetentierchen. Sie werden deshalb vom Anfänger leicht mit Einzellern verwechselt.

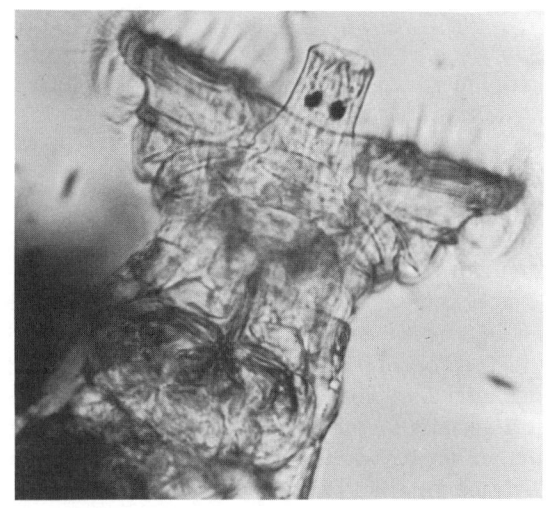

Vorderende eines Rädertieres. Der Wimperkranz, die Augen und der Kauapparat im Magen sind klar erkennbar (140fach).

Ihren Namen haben die Tierchen von einem komplizierten Wimperorgan, das dem oberflächlichen Betrachter an dem Kopfteil leicht zwei sich drehende Rädchen vortäuschen kann. Die ersten Benutzer der früher noch recht einfachen Mikroskope haben diese Organe auch tatsächlich für Räder gehalten. Gemeinsam ist ihnen ein Kauapparat, der aber nicht im Mund, sondern ungefähr im Magen sitzt und dessen ständige Kaubewegungen dem Betrachter sofort auffallen.

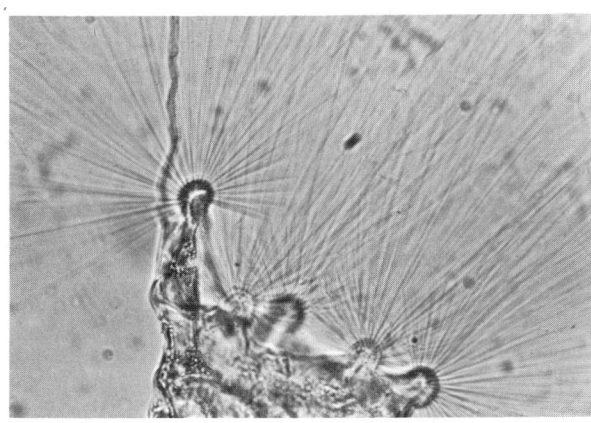

Kranz halbstarrer Cilien des Rädertieres Collotheca ornata (400fach).

95

Fast alle Rädertierchen haben am hinteren Ende einen „Fuß", mit dem sie sich festhalten können. Dann strudelt der Wimperapparat Nahrung heran. Wird der Fuß gelöst, treiben die Wimpern das Tier schnell durch das Wasser.

Einfachste Augen — als rote oder schwarze Punkte erkennbar — und chemische Sinnesorgane, die meist vor dem Ausfahren des Wimperapparates erscheinen, sind in vielfacher Hinsicht sehr interessante Beobachtungsobjekte.

Eine Gruppe der Rädertierchen hat einen ziemlich komplizierten Wimperapparat, der mehr im Innern des Schlundes liegt. Davor trägt sie an 3 oder 5 Lappen lange, strahlenförmige Fortsätze, die sich im allgemeinen nur ganz wenig bewegen. Wird das Tier gestört oder erschreckt, so werden die Lappen mit diesen Strahlen plötzlich eingezogen. Es ist ein prächtiger Anblick, wenn sie sich dann langsam und vorsichtig wieder zu voller Schönheit entfalten.

Der Liebhaber kann noch viele andere Eigentümlichkeiten an Rädertieren entdecken. Er wird bald merken, daß sie in ihrem Körperbau und ihrer Lebensweise erheblich höher stehen als die einzelligen Tiere.

Würmer

Waren die Rädertierchen noch von mikroskopischer Kleinheit, so gehören die Würmer nur zu einem Teil in diese Größenordnung. Ein Gesamtüberblick im Mikroskop wird deshalb nicht immer möglich sein. Man muß dann alle Teile des Tieres einzeln ansehen und sich daraus das Gesamtbild vorstellen. Bei der schnellen Beweglichkeit der meisten Würmer wird die Betrachtung unter dem Mikroskop allerdings auch in dieser Hinsicht einige Schwierigkeiten bereiten.

Schmarotzende Würmer
Es gibt eine große Zahl von schmarotzenden Würmern, die im Körper von Menschen und Tieren leben. Aus Lehrbüchern der Zoologie kann man hierüber Näheres erfahren. Von diesen Würmern — z. B. Bandwürmern und ihren Finnen, von Trichinen und anderen — werden wir uns einige Dauerpräparate durch Kauf beschaffen, da das Beschaffen dieser Objekte wie auch ihre Verarbeitung zu Mikropräparaten schwierig ist.

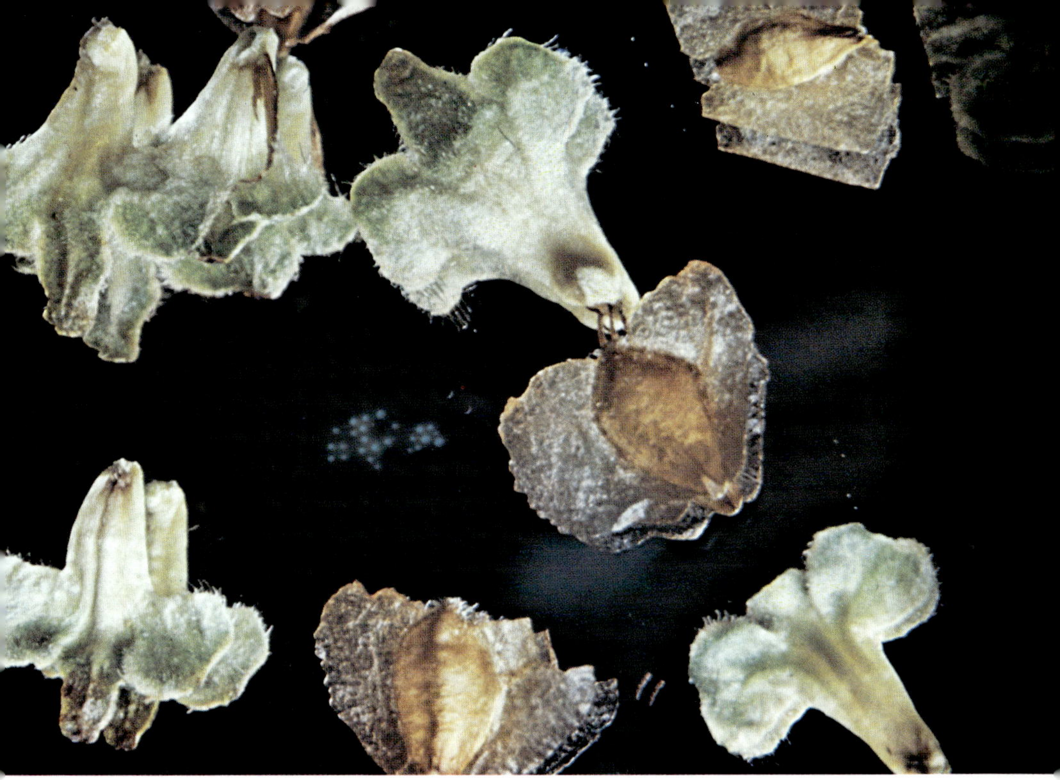

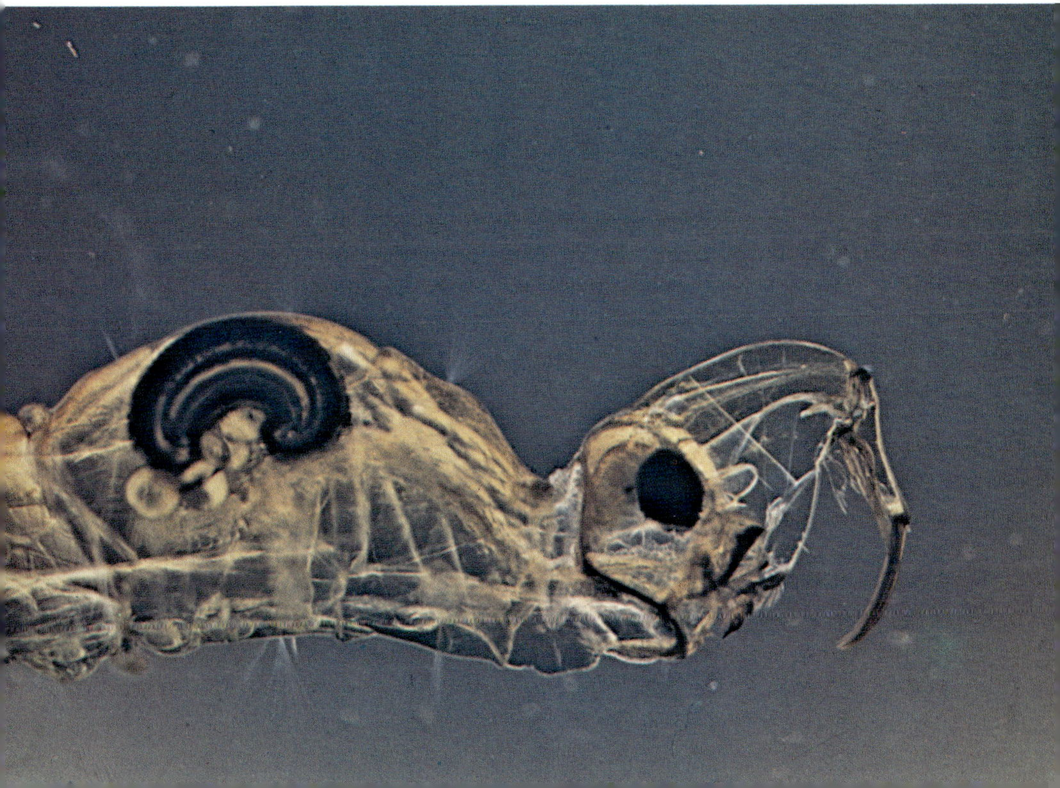

Farbtafel VII:
Samen der Birke
Ein Birkenbaum kann etwa eine Million Samen erzeugen. Der Same ist ein ausgezeichneter Segelflieger und sieht aus wie ein Schmetterling. In der Lüneburger Heide z. B. ist die Birke eine Plage geworden, weil ihre massenhaft sich verbreitenden Samen die Heidekrautsträucher zu verdrängen drohen.
Kopfteil der Larve der Büschelmücke Corethra
Die „weiße Mückenlarve" der Aquarianer ist ein Räuber. Sie ist prächtig durchscheinend und läßt alle ihre Muskeln und anderen inneren Organe erkennen. Im Rücken das röhrenförmige Herz, an der Bauchseite das Nervensystem, das in jedem Körperring einen weißen Knoten erkennen läßt. In der Mitte der Darm. Die kontrahierbaren Lufteinschlüsse vorn und hinten ermöglichen es ihr, in jeder Wassertiefe (bis 50 m und mehr) zu schweben.

Zu den Würmern zählten die Zoologen früher eine ganze Anzahl verschiedener Formen, die dem Laien kaum eine Ähnlichkeit mit der üblichen Vorstellung eines Wurmes zu haben scheinen. Beispielsweise gehörten u. a. auch die Rädertierchen zu dieser Gruppe. Einige Eigenschaften mit den Einzellern gemein hat die Gruppe der „Strudelwürmer". Wie diese trägt ihr Körper ein Wimperkleid. Für seine Wirksamkeit als Fortbewegungsmittel macht sich bereits die unterschiedliche Größe bemerkbar. Während bei den Einzellern die

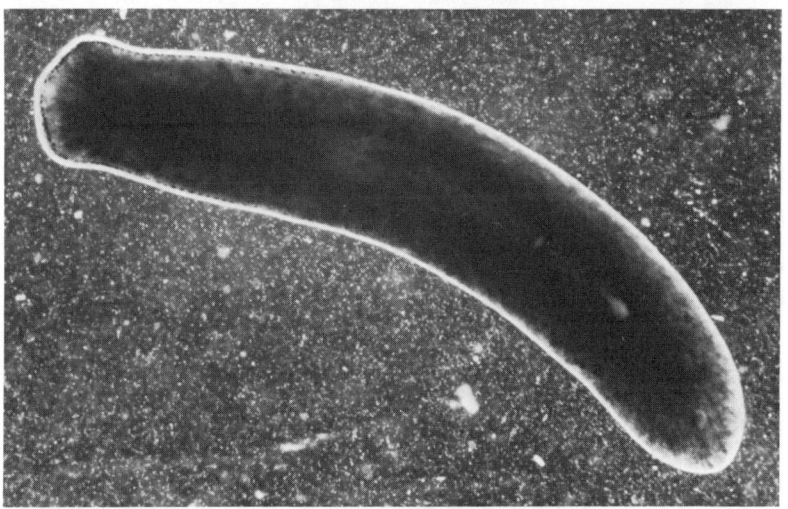

Strudelwurm (Polycelis nigra). Etwa 1½ cm langer Wurm von ganz schwarzer Färbung, schwimmt sehr schnell und war nur nach vielen Mißerfolgen mit dem Elektronenblitz in der Küvette zu „jagen". Sein Wimperkleid erscheint im Gegenlicht weiß.
Ca. 80 schwarze Punkte am Vorderende sind ganz primitive Augen, die dem Wurm ein gewisses „Richtungssehen" ermöglichen (10fach).

Bewimperung für eine genügend schnelle Fortbewegung ausreicht, ist das für den größeren Körper der Strudelwürmer nicht immer der Fall. Hier müssen aktive Schwimmbewegungen des ganzen Körpers hinzukommen. Der abgebildete Strudelwurm (Polycelis nigra) ist 10—15 mm groß und ist ein geschickter Schwimmer. Man trägt ihn vielfach mit Wasserpflanzen aus stehenden Gewässern ein. Er macht seinem lateinischen Namen durch eine pechschwarze Farbe Ehre. Er wurde in freier Bewegung mit Elektronenblitz in einem Mikroaquarium fotografiert.

Für die Beobachtung wird man den Strudelwurm mit nicht zu dicken Zwischenlagen unter dem Deckglas etwas zusammendrücken. Allerdings wird diese Handhabung, die sich bei den Einzellern bewährt, bei den Strudelwürmern infolge ihrer größeren Körperkräfte nicht immer den gewünschten Erfolg haben. Man kann es dann mit etwas dünneren Zwischenlagen erneut versuchen.

Der helle Rand stammt von der den ganzen Körper umfassenden Bewimperung, die bei der schwachen Vergrößerung nicht mehr in einzelne Wimpern aufgelöst werden kann.

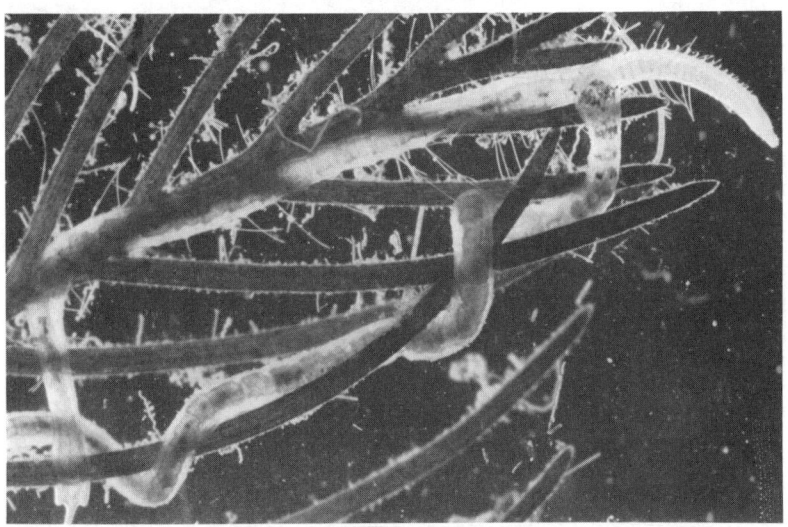

Oligochaete Würmer am Tausendblatt (Myriophyllum). Bildfeld ca. 2 cm (5 x).

Etwa 80 Augen!

Bemerkenswert am Strudelwurm sind die vielen schwarzen Punkte am vorderen Ende. Sie stehen besonders dicht an der Stirn und reichen seitlich bis fast zur Mitte des Körpers. Es sind Farbstoffflecke, die Lichtsinneszellen nach einer Seite abdecken und die wir mit „Augen" bezeichnen können.

Gleichfalls Würmer sind die „Schlangen", die sich um die nadelförmigen Teile des Blattes der Aquarienpflanze Myriophyllum ringeln. Sie wurden so an einem Blatt der freilebenden Pflanze gefunden. Sie sind dem Regenwurm verwandt und haben Borsten wie er.

Eigenartig erscheint bei manchen Würmern (im Bild ein kleiner Egel) die Brutpflege. Die Eier und die entwickelten Jungen saugen sich an vorbestimmten Stellen am Körper der Mutter an und werden lange Zeit von ihr herumgetragen.

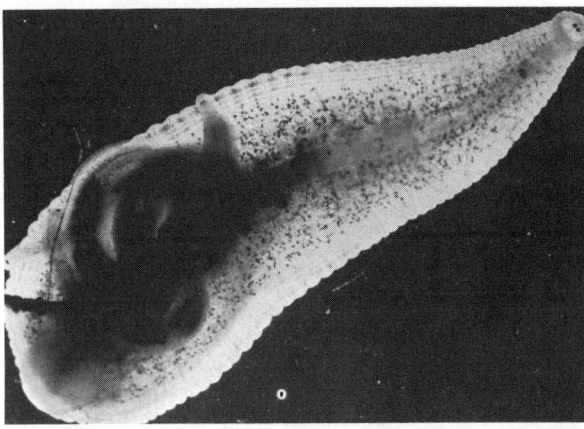

Brutpflege beim Egel (Herpobdella stagnalis). In Vertiefungen des Hinterleibes trägt er die Eier und später die Jungen lange Zeit mit sich herum, bis sie selbständig werden (5fach).

Moostierchen

Als eine Gruppe, die früher auch den Würmern zugerechnet wurde, sollen hier noch die Moostierchen (Bryozoen) vorgestellt werden. In meinen Augen sind sie die schönsten und in ihrer Art liebenswürdigsten Kleintiere des Süßwassers. Eine viel größere Zahl dieser Gattung kommt in den verschiedensten Formen im Meer vor. Aus ihren Resten bestehen ganze geologische Schichten. Sie sind im Mikroskop schlecht im Ganzen zu übersehen. Aufnahmen werden am besten in Mikroaquarien ohne Mikroskop gemacht.

Man findet Moostierchen selten einzeln. Sie leben meistens in Kolonien. Oft sitzen an der Unterseite von Seerosenblättern, die übrigens eine Fundstelle für viele Kleinlebewesen abgeben, längliche Streifen aus gallertartigem Schleim. Wenn es sich nicht um Eigelege von Schnecken handelt, sind es mit großer Wahrscheinlichkeit Kolonien von Moostierchen. Am besten versucht man, sie von dem unter Wasser um einen Finger gerollten Blatt mit einem stumpfen Gegenstand ganz dicht an der Blattfläche abzustoßen. Der Gallertstreifen wird dann auf einen Objektträger übertragen und mit dicken Zwischenlagen gegen Zerdrücken geschützt. Es braucht eine gewisse Zeit, bis sich die Tiere wieder ausgestreckt haben. Andere Arten sitzen auch in Kolonien, z. B. frei an Zweigstücken und dergleichen, sind aber nicht von einer so starken Gallertmenge umgeben.

Der Körperbau der Moostierchen zeigt eine polypenartige Gestalt mit „Fangarmen", zwischen denen sich der Mund befindet und einem U-förmigen Darm. Dieses „Polypid" steckt in einem Hohlraum, der auch erhalten bleibt, wenn das Polypid abstirbt. Unten in diesem Hohlraum befinden sich Muskeln, die es ruckartig zurückziehen können und ein Strang, an dem runde oder linsenförmige Körper gebildet werden, die „Statoblasten".

Moostierchen (Plumatella). Das Tier ist angefüllt mit schwarzen Statoblasten, aus denen vollkommene junge Tiere ausschlüpfen können (30fach).

Statoblasten

Diese würde man bei einer Pflanze als „Brutknospen" bezeichnen, wie sie z. B. bei der vielfach in Gärten angebauten Feuerlilie vorkommen. Aus ihnen entsteht auf ungeschlechtlichem Wege ein neues Moostierchen. Sie haben widerstandsfähige Wandungen und vielfach einen „Schwimmring", dessen Inhalt aus Luft besteht und sie an der Wasseroberfläche hält. Die Statoblasten sind im allgemeinen sehr schön gezeichnet. Man hat sie zuerst, als man sie in Torfschichten fand, für Samenkörner irgendwelcher Pflanzen gehalten.

100

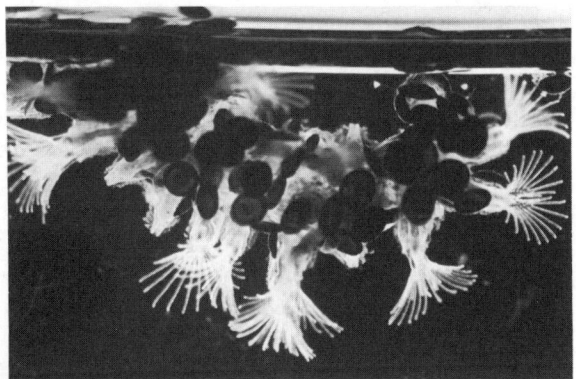

Statoblasten von
Moostierchen und
aus ihnen
geschlüpfte Junge
an der Wasser-
oberfläche
(30fach).

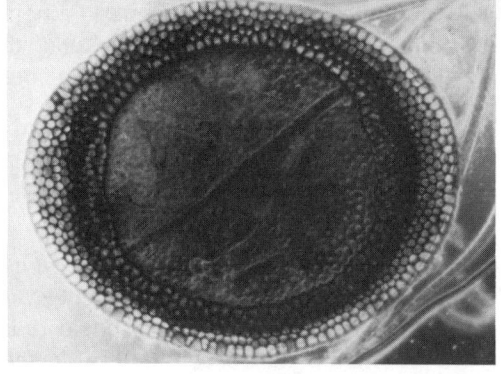

Statoblast (= „Brut-
knospe") eines Moos-
tierchens. Die vielen
Hohlräume am Rande
machen sie schwimm-
fähig (160fach).

Es gibt bei den Moostierchen auch geschlechtliche Vermehrung. Sie tritt aber stark zurück gegenüber der ungeschlechtlichen durch Statoblasten und durch Knospung wie bei Hydra. Unser Bild zeigt, wie sich aus Statoblasten, die in einem Häufchen an der Wasseroberfläche einer Mikroküvette schwammen, junge Moostierchen entwikkelten.

Die „Fangarme" sind denen der Hydra nicht zu vergleichen. Sie tragen eine Menge feinster Wimpern, die ständig einen Wasserstrom auf die Mundöffnung zu erzeugen und ihr kleine Nahrungskörperchen zuführen.

Eine Ansicht von Moostierchen erinnert mich einmal an ein viel bewundertes Schauspiel aus meiner Kindheit. Ein leichter Ball wurde von dem Strahl eines kleinen Springbrunnens immer wieder hochgetragen und auch nach dem Fallen nie losgelassen. So konnte man

eine Kugel der „Kugelalge" Volvox im Wasserstrom der Fangarme immer wieder auf die Mundöffnung zugetragen sehen. Da die Kugel aber für diese Öffnung als Nahrungskörperchen viel zu groß war, wurde sie immer wieder fortgestoßen und doch nicht losgelassen. Findet man diese liebenswürdigsten Kleintiere des Süßwassers einmal, so soll man sich die Freude an ihrer Beobachtung nicht entgehen lassen, selbst wenn man viel Mühe und Geduld daran wenden muß. Leider stehen sie in der Größe zwischen eigentlich mikroskopischer und Mikroaquarien-Beobachtung. Infolgedessen sind sie die geeigneten Objekte zur Betrachtung im Mikroaquarium.
Die Moostierchen lassen sich im Aquarium (ohne Fische und Schnekken!) lange Zeit halten. Wenn man eine größere Anzahl Statoblasten an der Wasseroberfläche gefunden hat, sollte man sie in einem kleinen Gefäß über den Winter in den Kühlschrank stellen und im Frühjahr wieder hervorholen. Dann machen sie einem zumeist die Freude, daß aus den Statoblasten junge Tiere ausschlüpfen.

Larven von Wasserinsekten

Die Insekten haben, wie wir vielleicht noch aus der Schule oder aus eigener Beobachtung wissen, eine absonderliche Art der Entwicklung. Ein Schmetterling z. B. legt Eier, aus denen fast unsichtbar kleine Raupen kommen. Sie beginnen zu fressen und wachsen schnell heran. Sobald sie eine gewisse Größe erreicht haben, schlüpfen sie aus der ihnen zu eng gewordenen Haut, die nur bis zu einem bestimmten Grad dehnbar ist. Unter der alten Haut hat sich bereits eine etwas weitere neue Haut gebildet. So häuten sie sich einige Male, bis sie groß genug sind. Dann beginnen die Raupen zu spinnen und erzeugen um ihren Körper herum einen „Kokon", der sie von der Außenwelt abschließt. In diesem Kokon werfen sie ihre Raupenhaut nochmals ab, und es entsteht eine „Puppe". Während diese anscheinend ruht, bildet sich der Körper der Raupe völlig um. Die alten Teile werden abgebaut und zum Aufbau der neuen verwendet. Es entstehen z. B. andersartige Beine und Augen und vor allen Dingen etwas vollkommen Neues: zwei Paar Flügel. So wächst ein Tier heran, dem wir seine Raupenvergangenheit niemals glauben würden, wenn wir diese Verwandlung nicht mit eigenen Augen wahrgenommen hätten.

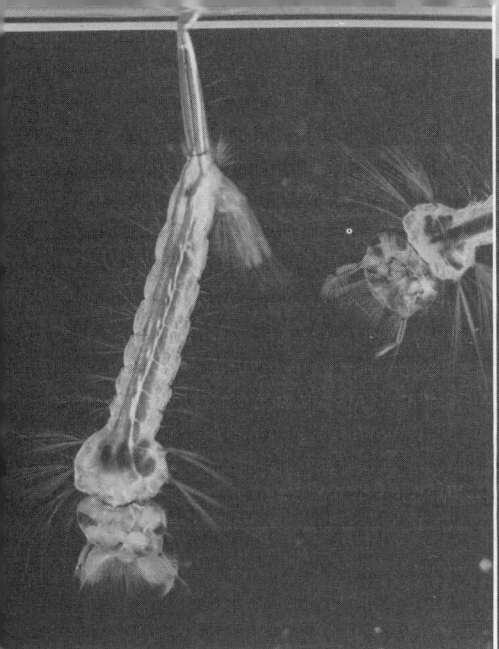

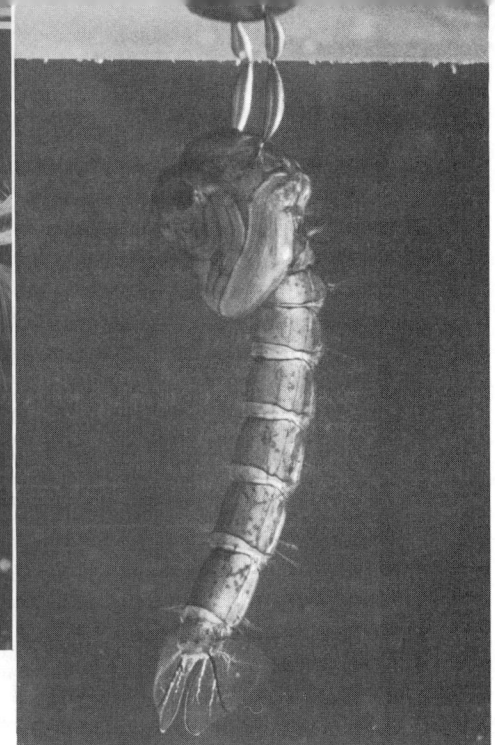

...rve einer Stechmücke. Hängt mit dem ...emrohr an der Wasseroberfläche, um die ...ft in ihrem fein verteilten Röhrensystem ...fzufrischen. Der feinkonstruierte Strudel-...parat am Munde holt kleinste Körper-...en aus dem Wasser zu ihrer Ernährung ...ran. Länge etwa 1 cm (ca. 6fach).

Puppe einer Büschelmücke (Corethra). Mit den „teufelshorn"ähnlichen Röhren, die hier nicht der Atmung dienen, hängt sie an der Wasser-oberfläche (ca. 8fach).

...uppe der ...echmücke. ...e hat Atem-...hre am Kopf. ...eine, Flügel ...d das ...cettierte ...uge der ...rtigen Mücke ...nd schon ...urch die ...uppenhaut zu ...ehen ...a. 10fach).

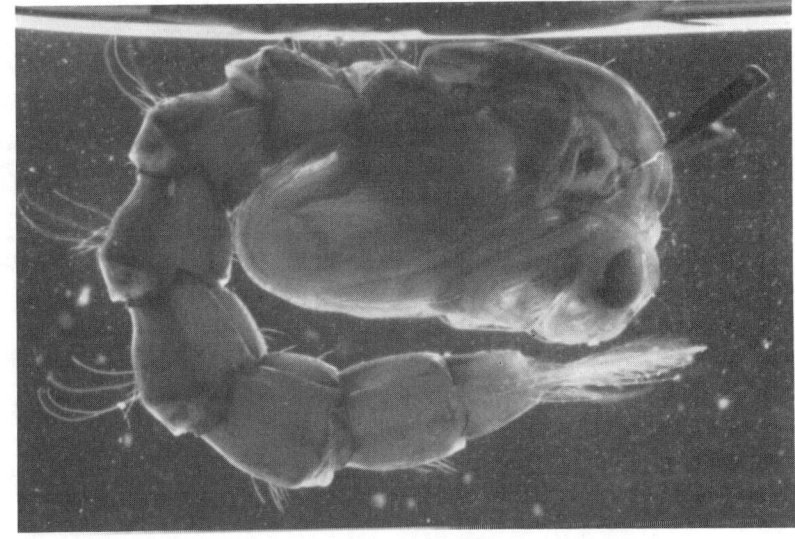

Fast alle Insekten machen eine ähnliche Verwandlung durch. Am einfachsten können wir sie an den im Wasser lebenden Insekten — z. B. den Mückenlarven — entweder mit der Lupe oder bei schwacher bis mittlerer mikroskopischer Vergrößerung erkennen.

Die Larven unserer Stechmückenarten, wie auch der Malariamücke, sind Luftatmer. Ein starkes Atemrohr am hinteren Körperende mit zwei Einzelröhren durchstößt mit einem unbenetzbaren Ende die Wasseroberfläche und sorgt für den Luftausgleich. Der Körper ist durchsetzt mit einem bis in die feinsten Einzelheiten verzweigten Röhrensystem, das Luft zu allen Körperteilen bringt.

Die Stechmückenlarven sind friedliche Tiere. Mit ihren komplizierten Mundorganen strudeln sie einen Wasserstrom heran und sieben daraus kleine Lebewesen und nahrhaften Schmutz. Nicht brauchbare Teile stoßen sie mit diesem Wasserstrom wieder ab.

Weniger friedlich sind die ausgewachsenen Mücken — wenigstens die Weibchen. Dagegen sind die später erwähnten Larven der Büschelmücke eifrige Räuber. Man kann Stechmückenlarven etwa vom Mai ab in fast jeder Pfütze mit dem Netz fangen. Wenn man sich nähert und das Netz in ihrer Nähe eintaucht, sind sie plötzlich von der Oberfläche in die Tiefe verschwunden. Verhält man sich aber kurze Zeit ganz ruhig, so kommen sie wieder nach oben, um Luft zu schöpfen. Man kann sie dann mit dem fangbereiten Netz erwischen.

Ein gleichfalls sehr häufiges Tier ist die Larve der Büschelmücke (Corethra). Sie kommt in jedem stehenden Wasser, besonders häufig aber in Torfstichlöchern vor. Da das Tier völlig durchsichtig ist, übersieht man es zunächst, erkennt es dann aber an den zwei Paar lufthaltigen Tragblasen vorne und hinten. Der Körper der Büschelmückenlarve läßt uns alles klar erkennen: die starke Muskulatur, das die ganze Länge des Körpers durchziehende Herz im Rücken, den Darm, das Nervensystem, das sich merkwürdigerweise am Bauch entlangzieht und anderes mehr.

Die Larve der Büschelmücke ist sehr schnell. Sie bewegt sich ruckweise durch Krümmen des Körpers. Wenn man einen mittelgroßen Wasserfloh mit in die Küvette gibt, kann man die meist kurze Jagd und den Fangvorgang gut verfolgen. Man kann dann auch weiter beobachten, wie das gefressene Tier zerquetscht und in den Vorderdarm befördert wird. Von hier gelangen nur die flüssigen Bestandteile in den Enddarm, die unverdaulichen Chitinbestandteile werden wieder ausgewürgt.

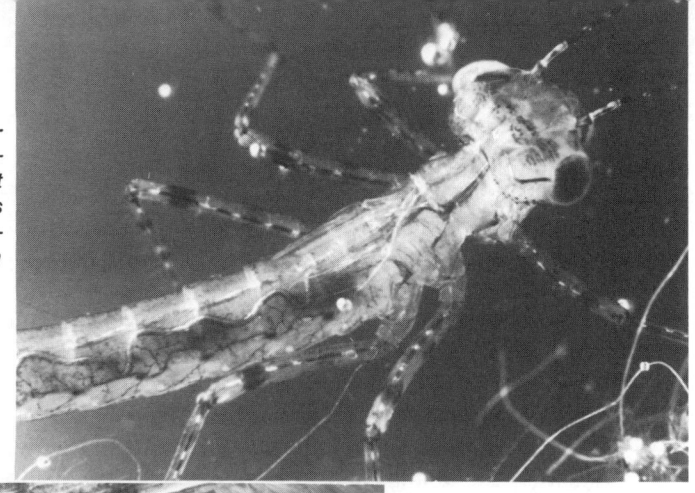

Larve einer kleinen Libellenart. Das luftführende Röhrensystem ist im ganzen Körper bis in die feinsten Verzweigungen zu erkennen (ca. 8fach).

Anfang der feinbehaarten Schwanzfortsätze der Eintagsfliegenlarve Cloeon. Phasenkontrast (200fach).

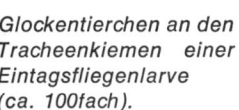

Glockentierchen an den Tracheenkiemen einer Eintagsfliegenlarve (ca. 100fach).

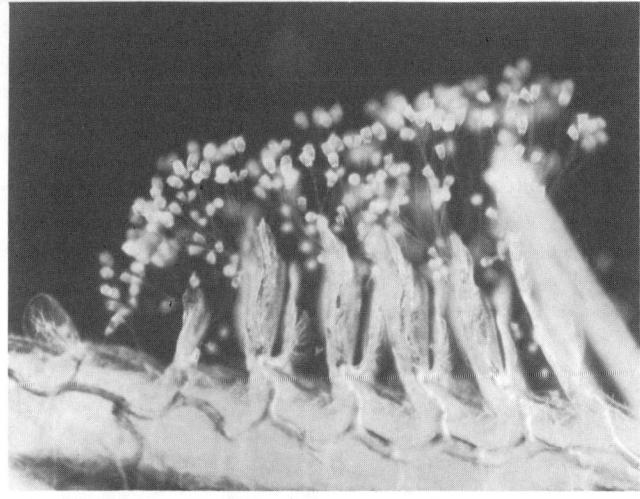

Libellenlarve

Die Aufnahme einer kleineren Art von Libellenlarven läßt feinste Verzweigungen des Systems der „Tracheen" (Luftröhren) im Kopf erkennen, die das Gehirn mit Luft versorgen.
Libellenlarven müssen nicht zur Lufterneuerung an die Wasseroberfläche. Drei Blättchen an ihrem Schwanzende verwandeln die im Wasser gelöste Luft in gasförmige und leiten sie dann dem Tracheensystem des Körpers zu („Tracheenkiemen").
Auch die sehr häufigen Eintagsfliegenlarven atmen mit Hilfe von Tracheenkiemen, die paarweise auf ihrem Rücken sitzen und sich in sehr schnellen Schlägen bewegen. Auf den Kiemen unseres Bildes sitzen — ausnahmsweise — noch Hunderte von Glockentierchen. Sie haben sich — wahrscheinlich weil sie extra frisches Wasser lieben — auf den schnellsten Teilen der Eintagsfliegenlarve festgesetzt.
Diese Tiere wurden alle in Kleinaquarien gehalten. Die Aufnahmen wurden in freistehender Küvette oder bei mittlerer Vergrößerung in der auf dem Mikroskoptisch umgelegten Küvette gemacht. Stechmückenlarven sowie Larven und Puppen der Büschelmücke lassen sich in ihren normalen Lebensvorgängen nur in senkrecht stehender Küvette beobachten, da ihre Lage von der Schwerkraft abhängig ist. Viele Einzelheiten ihres Körperbaues lassen sich auch bei starker Vergrößerung erkennen, wenn man sie unter einem Deckglas einklemmt.

Samenkörner (Auflichtbeleuchtung)

Unerwartete Schönheiten erschließt das Mikroskop, wenn wir Pflanzensamen betrachten. Viele sind zwar so groß, daß für sie eine Lupe genügt (Erbsen, Bohnen, Sonnenblumen, Nadelholzsamen usw.). Man sollte diese Lupenbetrachtung nicht versäumen. Manche sind aber so klein, daß ihre Einzelheiten nur vom Mikroskop aufgedeckt werden können.
Samenkörner sind undurchsichtig. Sie können also nicht mit der üblichen Durchlichtbeleuchtung betrachtet werden. Da es sich immer um schwache Vergrößerungen handelt, genügt eine einfache Auflichtbeleuchtung. Zur Betrachtung ist mit Tageslicht oder Opallampe auszukommen. Man kann deren Licht nach Art der Schusterkugel evtl. etwas verstärken. Zur Erhöhung der Helligkeit und zur Vermei-

dung harter Schatten lassen wir das Licht flach auf den Objektträger fallen. Vorzuziehen ist natürlich eine der käuflichen Mikroskopierlampen mit Niedervoltbirne und gerichtetem Licht, betrieben aus einem Transformator.

Zur Vermeidung von Schlagschatten legt man die Samenkörner nicht auf ein schwarzes Papier oder ein Stück Samt, sondern flach auf den Objektträger, unter dem ein freier Raum verbleibt. Den Kondensor nimmt man am besten heraus und öffnet die Blende, sofern eine vom Kondensor getrennte vorhanden ist. So ergibt sich eine natürliche Dunkelfeldbeleuchtung, die z. B. bei hellen Samen ohne schwarze Teile angebracht ist. In anderen Fällen werden wir aber eine getönte Hintergrundfläche benötigen, vor der sich sowohl helle als auch dunkle Teile gut abheben. Man erreicht sie durch Einlegen eines hellen Papiers in der richtigen Entfernung in oder unter der Kondensorhülse.

Besonders gut wird das Dunkelfeld, wenn wir einen Objektträger benutzen, den wir uns aus einem dünnen Spiegelscherben schneiden oder schneiden lassen. Man kann dazu evtl. auch einen kleinen Taschen- oder Rasierspiegel opfern, dessen ebener Teil zumeist aus recht dünnem Glas besteht. Noch besser wäre es, einen oberflächenverspiegelten Objektträger zu benutzen.

Das Samenkorn wird auf diesen Träger gelegt und schräg mit der Mikroskopierlampe beleuchtet. Die Spiegelseite reflektiert das Licht zum Teil auf das Objekt, und dieses erhält dadurch ein mehr oder we-

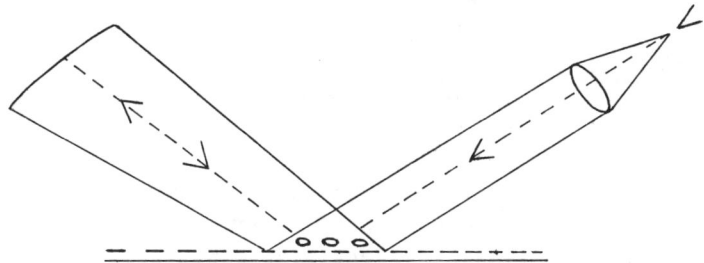

niger selbstleuchtendes Aussehen. Ein anderer Teil des Lichtes wird an der Spiegelschicht reflektiert und trifft einen Hohlspiegel (z. B. den nach allen Seiten drehbaren Spiegel des Mikroskops), der an einem geeigneten Stativ anzubringen ist. Er wirft das gesamte auf ihn fallende Lichtbündel wieder auf das Objekt und hellt damit dessen Körperschatten auf. Wenn der spiegelnde Objektträger gut gesäubert ist, fällt kein anderes Licht ins Objektiv als das vom Gegenstand kommende. Eine getönte Feldbeleuchtung ist mit einem solchen Objektträger allerdings nicht möglich.

Für subjektive Beobachtung sind die beschriebenen Kunstgriffe nicht unbedingt notwendig. Man kommt aber ohne sie nicht aus, wenn man Mikrofotografien herstellen will.

Samenkopf vom Löwenzahn. Ein Teil der Samen mit ihren Fallschirmen ist schon unterwegs. In einer Aufwindzone können sie viele Kilometer weit kommen. Obj. f = 50 mm, kurzer Balgenauszug (ca. 1,5fach).

Verbreitung der Samen

Es ist besonders interessant, wie verschiedene Pflanzen ihre Samen verbreiten. Ein Teil wird vom Winde fortgetrieben. Das sind z. B. die kleinen leichten Samen von Pappeln und Weiden oder schwerere, die mit einem sinnreichen Fallschirm fortgetragen werden. Wir alle haben als Kinder die Samen der „Pusteblumen" (Löwenzahn) fortgeblasen. Kommen solche Samen in eine Aufwindströmung, so können sie viele Kilometer zurücklegen.

Ganz „gerissen" fängt es die wenig beliebte Kratzdistel an. Fallen solche Samen in dichte Vegetation, so besteht die Gefahr, daß sie wegen ihres Fallschirmes nicht den Boden berühren und damit nicht zum Keimen kommen. Die Samenkörnchen der Distel hängen aber nur lose mit ihrem Fallschirm zusammen. Dieser bricht bei heftiger Berührung ab und läßt den Samen zu Boden fallen.

Andere Samen sind von einem wohlschmeckenden Fruchtfleisch umgeben. Sie werden mit diesem von Tieren gefressen und wandern zu gegebener Zeit an einem anderen Ort mit dem Kot in ein gemachtes Keimbett. Einen außergewöhnlichen Weg wählt auch die Mistel, deren Samen sonst wohl nicht auf natürliche Weise so leicht wieder auf Baumäste kommen würde. Die Früchte werden von Drosseln gefressen, die Samen aber nicht verdaut, sondern von den Vögeln auf anderen Zweigen wieder ausgeschieden. „Sehr dumm von der Drossel" sagten schon die alten Römer, denn die Mistelfrüchte enthalten klebrigen Saft, der zur Herstellung von Vogelleim verwendet wird.

Samen vom Zweizahn (Bidens cernuus). Die Widerhaken lassen ihn im Fell von Tieren festhaften. So wird er weit von der Mutterpflanze fortgetragen. Obj. 40 mm Balgen (9fach).

Samen von Schell-
kraut (Chelidonium
majus). Der weiße
Anhang ist für die
Keimung unwichtig,
aber nahrhaft und
verlockt die Amei-
sen zum Verschlep-
pen der Samen
(15fach).

Eine weitere Gruppe — so die Frucht der bekannten Klette und des
Zweizahns — heftet sich mit zum Teil kunstvollen und wirksamen
Widerhaken in das Fell von Tieren, die an der Pflanze vorbeistrei-
chen. Möglicherweise war der „Dorn", den sich der Löwe des An-
droklos eintrat, auch ein solcher oder ähnlicher Samen, der sich
gleichfalls der Widerhaken zu seiner Verbreitung bediente.
Wieder andere Pflanzen haben sich auf die Verbreitung ihrer Samen
durch Ameisen eingelassen. Wir denken dabei u. a. an Veilchen,
Schneeglöckchen sowie die Samen des Schöllkrautes mit den gelben Blüten und dem unbeliebten gelben Milchsaft. An diesen Samen
ist ein nährstoffreicher und offenbar wohlschmeckender Anhang befestigt, der für das Keimen ohne Bedeutung ist. Die Ameisen aber
mögen ihn. Da sie die aufgefundene Nahrung nie sofort fressen,
sondern sie als Beitrag zur „Gemeinschaftsverpflegung" in ihren
Bau schleppen, gelangen die Samen zunächst dorthin. Nach Abfres-
sen des Anhanges werden die Samen von den ordnungsliebenden
Ameisen wieder fortgetragen und an der nächsten „Müllkippe" ab-
gelegt. Nur so kann man sich erklären, daß das Schöllkraut oft in
engen Mauerritzen zu finden ist, wohin die Samen nicht ohne Hilfe
der Ameisen gelangen könnten.
Dies sind nur einige Beispiele für die vielfältigen Wege, die den
Pflanzen zur Verbreitung ihrer Standorte dienen. Ich habe mich oft
gefragt, wer ist hier der „Klügere", die Pflanze oder das Tier. Aber
schließlich gehören beide zu Gottes Schöpfung, und jeder übernimmt
dabei den ihm zukommenden Anteil.

110

Dauerpräparate von Insekten usw.

Der Amateur wird gelegentlich den Wunsch haben, auch Dauerpräparate von Insekten anzufertigen und sie seiner Sammlung der käuflich erworbenen einzufügen. Sie sprengen vielleicht in gewisser Hinsicht den Rahmen dieses Buches, weil sie nicht sofort herzustellen sind, sondern eine längere Behandlung mit etwas Geduld erfordern. Man braucht auch einige Chemikalien dazu. Da aber außer Geduld und Sorgfalt keine besonderen Fertigkeiten notwendig sind, habe ich das Kapitel doch aufgenommen, zumal ich aus eigener Erfahrung weiß, welche große Freude der Liebhaber an solchen selbstgefertigten Präparaten hat.

An Zubehör werden einige „Salznäpfchen" benötigt, d. h. kleine Glasblöcke mit einer Vertiefung, die mit einem Glasplättchen abgedeckt werden kann. Ferner einige mittelweite Pipetten, von denen jede nur für *eine* Flüssigkeit gebraucht werden darf. Man sollte sie deshalb entsprechend kennzeichnen.

Insekten können solange in 70prozentigem Alkohol aufbewahrt werden, bis man die Zeit zur weiteren Bearbeitung findet. Wenn „Alkohol" gesagt wird, so können wir für unsere Zwecke ohne Bedenken auch Brennspiritus verwenden, da die verunreinigenden Beimengungen unsere Präparate nicht stören.

Mückenpräparat

Den ersten Versuch machen wir am besten mit einer Mücke. Aber nicht, indem wir sie mit irgendeinem Gegenstand erschlagen, sondern in einem Tablettengläschen fangen, das wir mit etwas 70prozentigem Alkohol füllen. Wenn die Mücke beispielsweise an der Kellerdecke sitzt, stülpen wir die Mündung des Gläschens darüber und lassen das Tier hineinfallen. Vielleicht kann man die Mücke an der Wand auch mit einem feinen in Alkohol getauchten Pinsel erwischen und in das Tablettengläschen übertragen.

Den 70prozentigen Alkohol stellen wir uns selbst her, indem wir ca. 75 ccm Brennspiritus, der angeblich 96prozentig ist, mit 25 ccm destilliertem Wasser mischen.

Da die Präparate oft unterschiedlich ausfallen, fängt man nach Möglichkeit gleich mehrere Mücken. Sie können beliebig lange in dem 70prozentigen Alkohol bleiben, sollten aber doch besser nach einigen Stunden weiter verarbeitet werden.

Kopf einer großen Bremse. Er trägt viele Einzelaugen, deren komplizierter Bau erst in Schnittpräparaten erkennbar wird. Aufnahme mit Obj. 50 mm im Sonnenlicht auf Glasplatte mit halbgetöntem Untergrund. Aufhellung durch Spiegel (4fach).

Eine der Mücken hebt man mit einem rechteckig umgebogenen Blechstreifen oder einer Drahtschleife aus dem Aufbewahrungsgefäß und überträgt sie schonend in ein Salznäpfchen, das reinen Brennspiritus enthält. Hier bleibt sie wieder etwa 6 Stunden. Nach dieser Zeit saugt man mit einer Pipette den etwas verwässerten Brennspiritus ab und füllt mit neuem unverdünnten Brennspiritus wieder auf. Fließpapier sollte zum Aufsaugen nicht verwendet werden. Nach einem weiteren Zeitraum von ca. 6 Stunden oder länger saugt man den Brennspiritus möglichst restlos ab und füllt mit einer anderen Pipette *Methylbenzoat* nach. Auch dieses wechselt man nach einigen Stunden nochmals gegen frisches aus. Nach wiederum einigen Stunden ist die Mücke reif zur Überführung auf einen Objektträger.

Hier nun beginnt der kritische Punkt unserer Arbeit. Der Mückenkörper ist im Alkohol etwas spröde geworden. Um ihn möglichst unversehrt auf den Objektträger zu bekommen, bringen wir zunächst einen großen Tropfen Methylbenzoat auf das Glas. Mit unserem nur für das Methylbenzoat vorgesehenen Blechstreifen legen wir die Mücke in den Tropfen auf dem Objektträger und schieben sie sehr vorsichtig mit einem auch nur für diese Lösung zu verwendenden Pinsel oder einer Nadel von dem gebogenen Blechstreifen herunter.

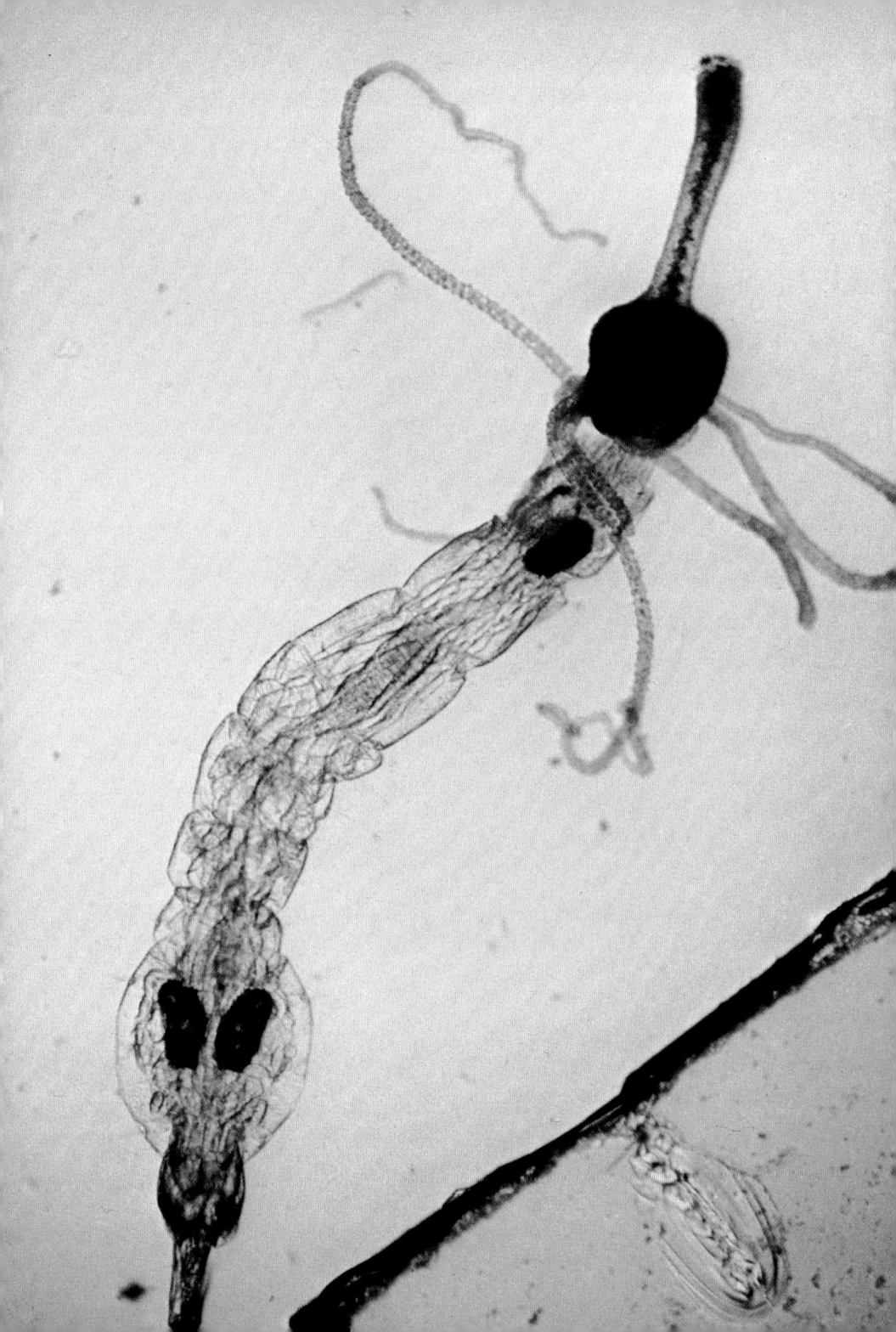

Farbtafel VIII:
Kleine Hydra bewältigt Larve der Büschelmücke Corethra
Die Larve ist mit ihren sehr feinen Schwanzborsten den nesselbewehr-
ten Fangarmen der kleinen Hydra zu nahe gekommen. Die Hydra versucht sie zu fressen, doch der Bissen übersteigt ihre Fassungskraft. Die
Hydra wird ihre Beute fahren lassen müssen. Die Larve wird am Gift
der Nasselkapseln jedoch sehr wahrscheinlich sterben.

Jetzt wird mit einem geschnittenen (!) Streifen Fließpapier das Methylbenzoat möglichst vollkommen abgesaugt, wobei noch *geringe* Ordnungsbewegungen mit einer Nadel am Mückenkörper vorgenommen werden können. Rechts und links von der Mücke werden Streifen oder Splitter von *dünnen* Dia-Deckgläsern (0,5 mm) aufgebracht und mit der Nadel angedrückt. Nun bringen wir *langsam* und von *oben* (ohne Luftblasen!) Eukitt mit einem sauberen Glasstab auf die Mücke auf. Um *ganz* sicher zu gehen, daß auf keinen Fall Spuren von Wasser im Präparat bleiben, können wir auf das Methylbenzoat noch Xylol auf dieselbe Weise folgen lassen. Nachdem die Splitter noch einmal festgedrückt sind, wird mit aller Sorgfalt das Deckglas aufgelegt. Am besten legt man zunächst eine Kante auf einen Splitter und hält die gegenüberliegende Kante mit einer Nadel hoch. Dann wird langsam der restliche Teil des Glases heruntergelassen.

Das Präparat muß jetzt mindestens eine Stunde waagerecht liegen. Ist die Mücke zu dick oder die Splitter zu dünn, so beschweren wir das Deckglas mit einer halben Bleikugel aus Anglerarsenal oder etwas ähnlichem. Das Beschweren schadet in keinem Fall, denn je dünner das Präparat, desto besser die Betrachtung. Sollte zu wenig Eukitt unter dem Deckglas sein, so kann man von der Seite einen Tropfen nachfüllen. Etwas mehr ist besser als zu wenig. Nach Erhärten des Eukitt achten wir noch 2—3 Wochen darauf, ob evtl. an einer Stelle noch Eukitt hinzugefügt werden muß.

Haben wir sorgfältig gearbeitet und Glück gehabt, dürften wir mit unserem Präparat zufrieden sein. Wir können es im Hellfeld, Dunkelfeld, bei schiefer Beleuchtung oder im polarisierten Licht betrachten und werden immer etwas Neues daran entdecken.

Es wird sich empfehlen, je ein Präparat von Männchen und Weibchen zu machen. Die Männchen verschwinden im Herbst ziemlich zeitig und sterben ab. Gefährlich sind bei den Mücken bekanntlich nur die Weibchen, da die männlichen Tiere nicht stechen. Sie haben aber einen großen „Bart" mit hunderten von feinsten Haaren. Mit diesen „hören" sie den Flugton eines Weibchens, das etwa in ihren Schwarm hineinfliegt. Durch entsprechende Pfeiftöne, die wir ausprobieren können, ist es möglich, einen in der Regel nur aus Männchen bestehenden Mückenschwarm in Aufregung und Unruhe zu versetzen.

Alle anderen Insektenpräparate werden auf die gleiche Weise hergestellt. Natürlich braucht man für größere Tiere längere Zeiten und dickere Zwischenlagen. Hat man beispielsweise die Mundteile eines Insektes kunstvoll hingelegt und sofort Eukitt darauf gebracht, dann kommen sie aus der sorgfältig hergestellten Ordnung. Man muß sie auf einer dünnen Schicht Eukitt erst etwas antrocknen lassen. Nach einigen ersten Mißerfolgen wird man diese und andere Kunstgriffe bald beherrschen. Aber so geht es im Grunde bei jeder Liebhaberei.

Der Sinn der ganzen Handlung beim Präparieren ist in erster Linie, daß sich auch nicht die kleinste Menge Wasser im endgültigen Einbettungsmedium befinden darf, da es durch die milchige Trübung das Präparat für die Betrachtung unbrauchbar macht.

Nach den ersten Übungen wird man sehr bald mit weiteren Insektenpräparaten zum Ziele kommen. Man kann auch serienweise arbeiten und damit die langen Wartezeiten ausfüllen. Insektenpräparate sind ein weites Feld, und wer z. B. die Möglichkeit hat, etwa Flöhe und andere kleine Tiere von Hunden, Igeln, Schweinen usw. zu fangen und zu präparieren, kann schon daran eine Zeitlang studieren und immer wieder etwas überraschend Neues finden.

Außer Mücken und Flöhen gibt es auch andere Insekten, die sich für unsere Liebhaberei eignen. Sehr dunkel gefärbte — wie beispielsweise die Stubenfliege — ergeben aber infolge ihrer Undurchsichtigkeit nur selten dankbare Präparate.

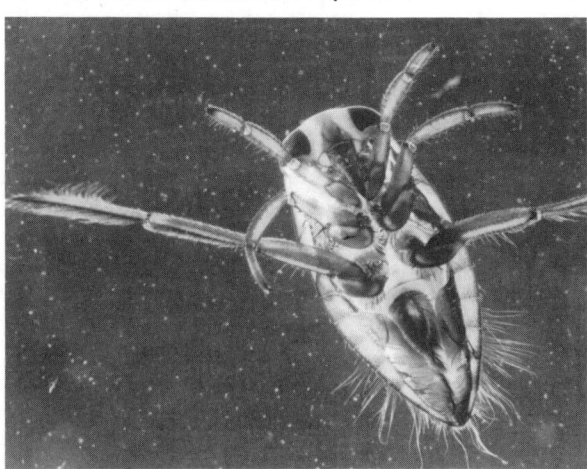

Rücken-schwimmer. Aufnahme auf dem Mikroskoptisch im Kleinaquarium. Obj. Luminar f = 40 mm. Halbgetönter Hintergrund (3,5fach).

Nach der in diesem Kapitel enthaltenen Beschreibung vollzieht sich die Einschließung aller wässerigen Gegenstände zum Dauerpräparat. Eukitt wird deshalb empfohlen, weil es über viele Jahre glasklar bleibt und schnell erhärtet. Zum Schutz gegen Luftblasen kann zwischen Methylbenzoat und Eukitt noch Xylol eingeschoben werden. Man vermeide aber, nach alten Vorschriften anstelle von Methylbenzoat absoluten Alkohol und nachher Xylol zu verwenden, weil man nie sicher ist, ob der „absolute" Alkohol nicht im Laufe der Zeit Wasserdampf aus der Luft angezogen hat.

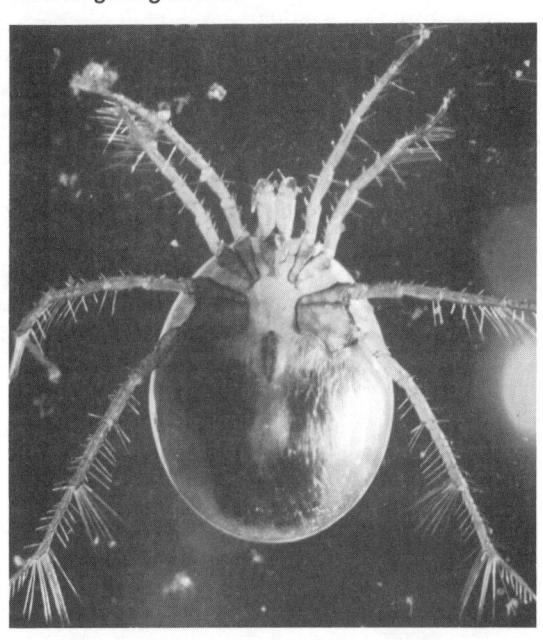

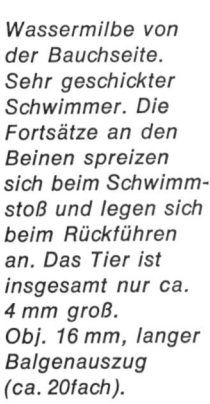

Wassermilbe von der Bauchseite. Sehr geschickter Schwimmer. Die Fortsätze an den Beinen spreizen sich beim Schwimmstoß und legen sich beim Rückführen an. Das Tier ist insgesamt nur ca. 4 mm groß. Obj. 16 mm, langer Balgenauszug (ca. 20fach).

Einfacher hat man es mit den Flügeln von Fliegen und Bienen, die man ohne Einschlußmittel unter einem Deckglas mit Wachsverschluß beobachten kann. — Geeignete Ausschnitte aus Schmetterlingsflügeln beobachtet man zunächst ohne Deckglas bei schwächeren Vergrößerungen. Man kann dabei die dachziegelartige Anordnung und die verschiedenen Formen der Schuppen erkennen. Einzelne Schuppen, die vom Flügel losgelöst sind, zeigen auch bei starken Vergrößerungen staunenswerte Einzelheiten. Für solche Objekte ist ein Streupräparat, ohne Einschlußmittel mit Wachs unter einem

Deckglas eingedeckelt, die beste Möglichkeit. — Will man die Schuppen für Durchlichtbeleuchtung in der ursprünglichen Anordnung als Dauerpräparat haben, so macht man einen Lackabdruck (wie früher S. 52) bei Blättern beschrieben. Um die Schuppen von oben sehen zu können, muß man sie auf das Deckglas bringen und dieses dann ohne Einschlußmittel mit Wachs umrandet auf dem Objektträger befestigen.

Außer Insekten kann man auch viele andere Objekte auf gleiche Weise entwässern (vielleicht auch noch färben) und schließlich wasserfrei in ein durchsichtiges Medium einbetten, um Dauerpräparate von ihnen herzustellen. Durch ihren harten Chitinpanzer sind aber nur Insekten gegen nachträgliche Entstellung geschützt und behalten als Dauerpräparate einigermaßen ihre Form. Weichere Tiere schrumpfen bei diesem Verfahren und werden mehr oder weniger deformiert. Wo man aber in der Lage ist, die Tiere *lebend* zu beobachten, sollte diese Betrachtung unbedingt vorgezogen werden. Der Wissenschaftler ist in vielen Fällen auf Dauerpräparate, insbesondere auf gefärbte Schnitte, angewiesen. Dieses Buch ist aber nicht für Wissenschaftler geschrieben, sondern für Liebhaber, und für diese wird das lebende Tier zumeist das größere Interesse haben.

Fotografie kleiner Objekte

Es ist müßig, danach zu fragen, ob eine Zeichnung nach einem mikroskopischen Bild oder ein Mikrofoto besser bzw. wertvoller ist. Wegen der ganz geringen Schärfentiefe des mikroskopischen Bildes (bei sehr starken Vergrößerungen weniger als 1/1000 mm!) gibt das Foto immer nur eine Ebene wieder. Zeichnet man dagegen, so wird man immer die Mikrometerschraube betätigen und auch das in die Zeichnung hineinbringen, was in verschiedenen Ebenen liegt. Die Zeichnung ist aber subjektiv und kann Dinge enthalten, die der Beobachter zu sehen glaubt und aus Voreingenommenheit in die Zeichnung hineinbringt, während das Foto ein Dokument ist. Zeichnung und Foto haben also gleichwertig nebeneinander ihren Platz.

Die fotografische Wiedergabe mikroskopischer Objekte bietet keine grundsätzlichen Schwierigkeiten. Bei einer einwandfreien Ausrüstung kommen alle Einzelheiten auf den fotografischen Film oder

116

die Platte, die wir bei subjektiver Betrachtung sehen. Im Mikroskop sollte lediglich ein bildebnendes Okular verwendet werden. Allerdings empfinden wir auf den fotografischen Aufnahmen etwaige Bildfehler des mikroskopischen Objektes – wie z. B. ungleiche Helligkeit – stärker als bei subjektiver Betrachtung, da die Bilder öfter und kritischer angesehen werden, als es im einfachen mikroskopischen Einblick der Fall ist.

Mikrofotografie wird in den Kreisen (und in den Zeitungen) der Amateurfotografen immer als ein überaus schwieriges Kapitel bezeichnet. Selten genug will sich ein Fotoamateur an diese Aufgabe heranmachen – schon weil als Voraussetzung das Vorhandensein und die Vertrautheit im Umgang mit dem Mikroskop vorausgesetzt wird. – Diese Furcht ist durchaus falsch, und für ein einführendes Teilgebiet ist nicht einmal ein Mikroskop notwendig.

Sieht man sich die Zeitschriften für Amateurfotografen an, so hat man den Eindruck, daß viele der bisher fotografierten Motive überdrüssig sind und nach neuen suchen: Die Familie ist bald „durchfotografiert" und der Urlaub ist kurz. So ist mancher bereits auf Aufgaben der Nah- und Makrofotografie umgestiegen, weil er erlebt hat, daß alle möglichen Objekte (insbesondere auch solche aus der Pflanzen- und Tierwelt) uns bereits bei Lupenbetrachtung und Fotografie in entsprechender Größe ganz ungeahnt staunenswerte Anblicke bieten.

Dem ist auch die fotografische Industrie bereits entgegengekommen: An fast alle einäugigen Spiegelreflexkameras läßt sich ein Balgen anbringen, und wenn man in diesem ein Weitwinkelobjektiv verwendet, so kommt man schon einer 10fachen Vergrößerung nahe. Ein in diesem Maßstab auf Kleinbildgröße aufgenommener Gegenstand erscheint auf Papier, im Format 13 x 18 cm gebracht, bereits in 50facher Vergrößerung, und das ist etwa dieselbe, die uns das Mikroskop mit einem schwachen Objektiv zeigt. Man kann diesen Maßstab noch steigern, wenn man den Balgen durch Einsetzen eines oder mehrerer Zwischenringe verlängert. Noch weiter kann man gehen, wenn man (als ersten Bestandteil eines Mikroskops) ein kurzbrennweitiges Objektiv mit Anschraubgewinde für den Mikroskoprevolver anschafft, das fotografisch korrigiert ist und ohne Okular benutzt werden soll, z. B. ein „Luminar" von Zeiss oder ein „Milar" oder „Summar" von Leitz. Viele Hersteller liefern für diese Objektive auch einen Anschraubring an den Kamerabalgen – zur Not bringt ein Bastler auch ein solches Objektiv mit Hilfe eines Holzbrettchens am Balgenende an. Etwas Improvisations- und Bastelgeschick kann überhaupt in der Mikrofotografie niemals schaden. Es ist in diesem Falle nur streng darauf zu achten, daß die optische Achse des Objektivs mit der der Kamera übereinstimmt.

Es ergeben sich bei der Makrofotografie gewisse von der üblichen Amateurfotografie abweichende Bedingungen, denen man sich anpassen muß. Zunächst sinkt der Bereich der Tiefenschärfe in erschreckendem Maße immer weiter ab, je stärker der Vergrößerungsmaßstab steigt. Dagegen können wir uns nur wehren, indem wir die Blende des Objektivs soweit wie möglich schließen. Mit dieser Möglichkeit ecken wir allerdings in zwei Richtungen an: Eine zu stark verengte Blende ergibt in diesen Größenordnungen die Gefahr von Unschärfen durch Beugungserscheinungen am Blendenrand. Vorsichtigerweise blenden wir also das Objektiv nicht vollständig ab, sondern öffnen die Blende eine Kleinigkeit. – Schlimmer erscheint zunächst die bei starker Abblendung immer mehr absinkende Bildhelligkeit. Gewiß können wir diese Schwierigkeit (wenn es sich nicht um Außenaufnahme, z. B. von Pflanzen am natürlichen Standort oder solche von kleinen Tieren im Freien handelt) mit stärkerer Beleuchtung begegnen. Die damit verstärkte Wärmestrahlung wird aber manchem Objekt gefährlich werden.

Eine große Hilfe für das Einstellen der Begrenzung und Schärfe des Bildes ist eine Einstellscheibe aus Klarglas mit einem „Parallaxenkreuz" in der Mitte. Man kann dann auf das sehr viele hellere „Luftbild" einstellen. Um dieses genau in die Einstellebene zu bringen, ist auf der Klarglasscheibe eine Markierung angebracht, die man durch die Einstellupe mit leicht hin und her bewegtem Auge ansieht. Solange sich dabei das Bild gegen die Einstellmarke bewegt, ist die Schärfe noch nicht völlig erreicht. Damit sie vollkommen wird, muß sie auch bei dieser leichten Kopfbewegung im Bild feststehen. Diese Methode ermöglicht Einstellung auf „größte Schärfe" und ist viel sicherer als die auf einer Mattscheibe, die nur eine Einstellung „auf geringste Unschärfe" gestattet. Leider ist sie für Aufnahmen ohne Stativ nicht anwendbar, so daß man für solche die Mattscheibe doch braucht.

Benutzt man eine Großkamera mit zugänglicher Mattscheibe, so klebt man mit Eukitt auf deren mattierte Seite (nach Aufzeichnen einer Markierung) ein Deckglas. Dann wird die Scheibe an dieser

Stelle mit der daran befindlichen Markierung völlig klar und durchsichtig, und man kann dort mit Hilfe einer Fadenzählerlupe Makrobilder, aber ebenso auch alle eigentlichen mit Mikroskop gemachten Mikroaufnahmen genau einstellen. Leider hat jede Kleinbild-Spiegelreflexkamera einen eigenen Einstellscheibenbau, und man muß zusehen, wie man mit jedem fertig wird. Am besten gelang mir das bei dem an die Leica ansetzbaren Spiegelkasten mit auswechselbarer Matt- und Klarglasscheibe.

Der Elektronenblitz

Das Mittel, das ganz allgemein den Ausweg aus diesem Teufelskreis der Tiefenschärfe und der Schärfeneinstellung weist, ist die Anwendung des Elektronenblitzes. In den letzten Jahren sind sehr kleine, relativ billige Geräte dieser Art auf den Markt gekommen, die gerade wegen ihres geringen Umfanges für Fotografie naher und extrem naher Gegenstände ausgezeichnet brauchbar sind. Ihre Anwendung bringt sehr viele Vorteile für die Makrofotografie (die sich auch in der eigentlichen Mikrofotografie genauso förderlich auswirken):

1) Man kann sie wegen der Kleinheit ihrer leuchtende Fläche fast beliebig nahe an das Objekt heranbringen und daher die engste noch erlaubte Blende benutzen. Dadurch erreicht man die größte überhaupt mögliche Tiefenschärfe.
2) Als Pilotbeleuchtung, die ja zum Einstellen notwendig ist, kann man kleine Klarglaslampen von 5 bis höchstens 10 Watt benutzen, die mit einer Glasplatte als Wärmeschutz vor die Austrittsöffnung des Blitzes gesetzt werden und durch die der Blitz so gut wie ungehindert hindurchleuchtet. Daß sie einen Moment während der Belichtung durch den Blitz mitbrennen, hat keinen Einfluß.
3) Diese Beleuchtung kann so schwach sein, daß sie gerade noch zum Einstellen von Bildbegrenzung und Bildschärfe auf einer Klarglasscheibe ausreicht und dem Objekt die geringste denkbare Belastung durch Licht- und Wärmestrahlung zumutet.
4) Der größte Vorteil, den uns der Elektronenblitz bietet, ist seine kurze Abbrennzeit von $1/1000 - 1/2000$ sec. Erst sie macht es uns möglich, lebende schnell bewegliche Objekte zu fotografieren, sie erst macht uns von zufälligen Erschütterungen unabhängig und

gestattet es sogar, selbst bei starken Vergrößerungen die Kamera ohne Stativ freihändig zu halten. — Freihandaufnahmen sind notwendig, wenn z. B. ein Insekt fotografiert werden soll, das Blüten besucht. Unter sehr vielen solcher Aufnahmen habe ich kaum einmal eine durch Verreißen der Kamera eingebüßt. Erheblich größer ist die Gefahr, daß man aus dem sehr knappen Bereich der Schärfentiefe herausgerät.

5) Da der Blitz den Farbton des Tageslichtes hat, kann man Makroaufnahmen (und Aufnahmen durch das Mikroskop) auf demselben Tageslichtfilm machen, den man auch für sonstige Aufnahmen benutzt. Glühlampenlicht allein würde Kunstlichtfilm erfordern.

Natürlich wird man, wo es geht, die Kamera auf ein sicheres Stativ stellen, vor allem, wenn man die Aufnahmen zu Hause macht. Dann wird man z. B. ein festes, aber gut bewegliches Kugelgelenk oder einen Panoramakopf benutzen. Man kann ihn auf ein Brettchen montieren und mit diesem auf dem Arbeitstisch hin und her fahren, auf dem man das Objekt, den Blitz und wenn nötig, einen Hilfsspiegel (oder einen zweiten Blitz) aufbauen und gegeneinander bewegen kann. Als Hilfsspiegel kann man einen kleinen kurzbrennweitigen Rasierspiegel benutzen oder auch den Mikroskopspiegel (wenn schon ein Mikroskop vorhanden ist). Der Aufbau kann sehr verschieden aussehen, man kann das Spiel mit der Beleuchtung nach Belieben auskosten, das der Amateurfotograf z. B. bei Portraitaufnahmen macht. Nur bietet es infolge der Kleinheit sämtlicher Dinge noch mehr Möglichkeiten.

Sehr geeignete Objekte für Makroaufnahmen mit Blitz sind kleine Wassertiere z. B. Wasserflöhe, Larven von Mücken, Libellen, Wasserkäfer und ihre Larven usw. Man beobachtet und fotografiert sie in größeren oder kleineren Küvetten („Mikroaquarien"), die man kaufen aber auch leicht selbst herstellen kann (s. Seite 43).

Beim Fotografieren in Küvetten achte man auf die Vermeidung von störenden Reflexen im Glas. Oft ist es gut, dem Blitz und seiner Pilotlampe — etwa aus einseitig versilbertem Karton — einen „Schußkanal" zu schaffen, der kein Streulicht ins Objektiv fallen läßt. Und das Objektiv verträgt immer eine Sonnenblende richtiger Größe, die man sich aus schwarzer Pappe zurechtmachen kann.

Solche makro-fotografischen Aufnahmen sind ein Grenzgebiet zwischen der Fotografierweise des normalen Amateurs und der Fotografie mit dem Mikroskop.

Nah- und Makroaufnahmen kleiner Objekte kann man auch im Freien machen (so z. B. Schmetterlinge und andere Insekten auf Blüten), insbesondere wenn man einen Elektronenblitz als Hauptbeleuchtung benutzt. Für solche Aufnahmen im Freien ist Geduld ein wichtiges Hilfsmittel. Man setzt sich z. B. vor eine einzeln stehende Blüte, die im Lauf der Zeit sicher von Insekten besucht wird und wartet auf solche. Der Blitz ist am besten nicht an der Kamera befestigt, sondern bleibt an einem leichten Stativ ständig auf die Blüte gerichtet. Die Kamera (mit langem Auszug-Balgen) kann bei der kurzen Abbrennzeit des Blitzes aus freier Hand geführt werden, so daß man volle Beweglichkeit bei der Einstellung hat.

Für uns sind Aufnahmen im Zimmer interessant, bei denen eine sorgfältige Aufstellung der Geräte Sicherheit auch bei stärkeren Vergrößerungen ermöglicht. Hier benutzt man ein Tischstativ für die Kamera, das möglichst fest und daher so einfach wie möglich sein soll. Ich habe nach manchen Versuchen auf Schlitten und Kameraneiger verzichtet und habe auf eine ebene Metallplatte (ein Hartholzbrettchen genügt auch) ein recht festes Kugelgelenk montiert. Mit diesem Stativ kann man Tiefen- und Seitenverschiebungen auf einer glatten Tischplatte aus Glas oder Resopal gut bis zu 8facher Vergrößerung auf Kleinbild bewerkstelligen. Die grobe Höhenverstellung geschieht am Objekt; für die feinere dient eine Schraube, die vorn senkrecht durch die Grundplatte geführt ist. So ist die genaue Festlegung des Bildfeldes auf Einstellscheibe und Bild gesichert.

Nicht nur Teile von Pflanzen und ähnliche Objekte kann man so sicher abbilden, man kann auch z. B. lebende Tiere in Klein- und Mikroaquarien so fotografieren und dabei bis an die Grenze der mit dem Mikroskop noch erreichbaren schwachen Vergrößerungen herankommen.

Als Kamera ist für diese (wie für Aufnahmen auf dem Mikroskop) eine Spiegelreflexkamera mit langem Auszug (Balgen und evtl. Zwischenringe) geeignet, die am besten mit einer Klarglasscheibe mit Einstellkreuz in der Mitte versehen ist. Ein leichtes Verschieben des Auges vor dem Einblick gestattet festzustellen, ob dieses Kreuz sich noch vor dem darin gesehenen Luftbild bewegt. Diejenigen Bildteile, die sich bei diesem Verschieben des Auges dauernd mit dem Kreuz decken, werden scharf abgebildet. Diese Art der Einstellung auf absolute Schärfe (sie geschieht am besten bei voll geöff-

neter Blende) ist der auf der Mattscheibe („auf geringste Unschärfe")
weit überlegen, ist aber selbstverständlich nur bei auf dem Stativ
feststehender Kamera möglich.

Zur Belichtung dient einer der heute üblichen kleinen Kompaktblitze.
Ein solcher ist mit den zu beschreibenden Zusatzeinrichtungen auch
für die Fotografie auf dem Mikroskop zu benutzen. Um ihm ein Pilotlicht zu geben (das er unbedingt braucht), setzt man vor seine Öffnung 2 parallel stehende Sofittenlampen zu je 5 Watt, wie sie etwa
für Innenbeleuchtung im Auto üblich sind. Sie sind mit dem auch für
Mikroskopbeleuchtung üblichen Transformator mit 6 Volt zu betrei-
ben. Davor kommt eine starke Sammellinse. Ich verwende eine in
Kleinbildwerfern heute benutzte asphärische Kondensorlinse. An
ihre Stelle kann eine oder können 2 Fresnelscheiben treten, wie sie
in Kleinbildkameras oder in solchen im Format 6 x 6 cm benutzt werden. Diese Einrichtungen vermeiden eine zu starke Zerstreuung des
Pilot- und des Blitzlichtes. Die von ihnen erzeugte Abbildung (die
ja selbstverständlich der des Blitzfeldes nicht ganz genau entspricht)
ist hinreichend verschwommen, so daß in der Praxis beide gleich-
gesetzt werden können. Vorteilhaft ist noch anschließend eine kurze
Röhre aus innen versilbertem Papier. Sie soll nicht in erster Linie
das Blitzlicht verstärken, sondern unkontrollierte Reflexe verhindern.

Der Messung der Belichtung (für die sich bei solcher Anordnung
sehr vorteilhaft kleine Blenden ergeben), dient die bei der Fotografie durchs Mikroskop zu beschreibende Einrichtung.

Solche Nah- und Makrofotografie braucht kein Mikroskop, kommt
aber genau an die Grenzen schwacher Vergrößerung im Mikroskop
heran, eine Größenordnung, für die sehr vielfach Bedarf ist.

Dieses Kapitel über Makrofotografie kann den Amateurfotografen,
der neue Motive sucht, in die Welt des Kleinen hineinführen. Es
wird ihn schließlich, wenn er den vielen Wundern, die ihm hier aufgehen können, noch näher nachgehen will, auch zum Gebrauch des
Mikroskops leiten. Sollte sich, was ja häufig der Fall sein dürfte,
zur Liebhaberei der Amateurfotografie noch diejenige der Aquarien-
haltung gesellen, so wird das Aquarium mit seinen Pflanzen und
Futtertieren für die Makrofotografie und für das Mikroskop eine
Menge lohnender Objekte liefern, die dann zum Suchen nach neuen
Motiven — etwa in jedem Tümpel oder sonstwo veranlassen.

Fotografie mit dem Mikroskop

In der ersten Hälfte des vorigen Jahrhunderts gelang es Ernst Abbe, die Wirkung der Linsen des Mikroskops durch Rechnung vorherzubestimmen, und damit war die Herstellung guter und gleichmäßiger Mikroskope nicht mehr Glückssache, sondern konnte Serienarbeit werden. Fast gleichzeitig begannen die Versuche, das flüchtige mikroskopische Bild fotografisch festzuhalten. Bekannt ist, daß Robert Koch, bald nach der Mitte des vorigen Jahrhunderts, seine sensationellen Entdeckungen von Bakterien als Krankheitserreger mit Fotografien belegte. Und diese Fotografien waren mit Mitteln hergestellt, die uns heute überaus primitiv anmuten müssen. Wir haben es jetzt viel leichter.

Am Mikroskop selbst ergeben sich gegenüber der subjektiven Betrachtung keine Veränderungen. Lediglich ein bildebnendes Okular sollte man verwenden.

Wenn man sich darauf beschränken will, zunächst nur Präparate zu fotografieren, in denen sich nichts bewegt, so genügt die Opallampe, die wir für die Beobachtung benutzen. Man muß zwar Belichtungszeiten von 1 bis 60 Sekunden in Kauf nehmen, aber der Gegenstand steht ja still. Man sollte sich aber auf keinen Fall diese Beschränkung auf die Dauer auferlegen, denn es wird den Liebhaber der Mikroskopie immer in erster Linie reizen, lebende Objekte zu beobachten und sie dann auch zu fotografieren. Diese aber bewegen sich oft und manchmal schnell, erfordern also Momentaufnahmen, und für solche ist heute der Elektronenblitz die gegebene Lichtquelle. Seine großen Vorteile wurden schon bei der Behandlung der Makrofotografie geschildert, über seine Anwendung am Mikroskop soll noch berichtet werden.

Für solche Präparate, in denen sich nichts bewegt, ist jede Kamera gut geeignet, deren Objektiv sich entfernen läßt. Auch die Blende ist überflüssig, sie muß auf alle Fälle ganz geöffnet werden und nicht als Blende wirken. Eine alte Plattenkamera kann für unseren Zweck gut wieder zu Ehren kommen.

Da man Mikrobilder auf einer Mattscheibe schlecht scharf einstellen kann, kittet man nahe ihrer Mitte auf die matte Seite ein Deckglas mit Eukitt, nachdem man an dieser Stelle auf das Mattglas mit hartem Beistift ein Kreuzchen angebracht hat. Diese Stelle wird jetzt klar und ganz durchsichtig. Eine Fadenzählerlupe wird auf das

Kreuzchen scharf eingestellt, und (wie schon früher für Makroaufnahmen beschrieben) stellt man jetzt durch leichtes Verschieben des Auges fest, daß das Markierungskreuz in dem gesehenen Luftbild „feststeht".

Die Kamera wird über dem Mikroskop an einer Säule (etwa derjenigen eines Vergrößerungsapparats) so angebracht, daß man sie aus- und einschwenken kann, damit der Einblick ins Mikroskop freigegeben und gegen die Kamera ausgewechselt werden kann. Eine der alten Balgenkameras gestattet auch noch, durch den veränderlichen Balgenauszug den Vergrößerungsmaßstab zu variieren.

Diese Aufnahmemethoden erfordern natürlich einen (ungefähr) verdunkelbaren Raum. Die Lichtabdichtung zwischen Mikroskop und Kamera besorgt ein Ring auś Schwammgummi. Von unbewegten Objekten kann man mit solchen und ähnlichen Aufbauten ganz vorzügliche Aufnahmen herstellen. Viel wichtiger als die Aufnahmekamera ist bei der Mikrofotografie die richtige Behandlung des Mikroskops, das ja das Objektiv der Kamera vertritt.

Auf die Dauer aber werden uns Aufnahmen unbewegter Objekte allein nicht befriedigen, denn schon eine Wasser- oder Schlammprobe aus einem Teich enthält so viele bewegliche Lebewesen, daß uns bald der Wunsch kommen wird, auch diese und gerade diese im Leben zu fotografieren. Dazu helfen uns nur Vorrichtungen, die es uns möglich machen, unser Objekt bis unmittelbar vor oder selbst während der Aufnahme zu beobachten. Dazu gehört auch ferner eine Beleuchtung, die hinreichend stark ist, um auch kurze Momentaufnahmen zu gestatten.

Zur Lösung dieser Aufgabe muß man einen Spiegel einsetzen, der entweder das mikroskopische Bild total zu einem gewissen Teil seiner Strahlung in eine Beobachtungsvorrichtung reflektiert. Im ersten Falle muß der Spiegel kurz vor der Auslösung des Verschlusses aus dem Strahlengang entfernt werden — sowie es in einer Spiegelreflexkamera geschieht. Im zweiten findet ein halbdurchlässiger Spiegel Verwendung, der während der Belichtung in seiner Stellung bleiben kann. Sein Vorteil ist, daß die Beobachtung auch während der Belichtung weiterläuft, sein Nachteil, daß für die Aufnahme derjenige Anteil des Beleuchtungslichtes verloren geht, der zur Beobachtung gebraucht wird. Andererseits verhütet diese Methode die Gefahr von Erschütterungen durch den bewegten Spiegel.

Der halbdurchlässige Spiegel, im einfachsten Fall ein aus einem Objektträger geschnittes Glasstückchen, hat den Nachteil, daß er durch Reflexion an beiden Glasflächen ein doppeltes Bild liefert. Wer nur Schwarzaufnahmen machen will, bedient sich mit Vorteil eines Stückchens aus einem fotografischen Grünfilter. Dieses schwächt durch den zweifachen Durchgang durch das grüne Glas den durch seine Hinterseite reflektierten Strahl so stark, daß er nicht mehr auffällt. Ein Grünfilter ist für Schwarzaufnahmen immer vorteilhaft, für Farbaufnahmen allerdings nicht zu gebrauchen.

Der Besitz einer Spiegelreflexkamera ist heute in Amateurkreisen weit verbreitet. Andererseits gibt es solche Kameras jetzt zu relativ billigen Preisen. Es sei daher auf eine Anweisung zum Eigenbau einer Mikrokamera mit seitlichem Einblick verzichtet, obgleich es einem geschickten Bastler bei Benutzung einer ganz billigen Kamera kaum größere Schwierigkeiten bereiten dürfte, eine solche selbst zu bauen.

Beide Methoden sind gangbar und beide werden angewendet. Eine Spiegelreflexkamera, aus der man das Objektiv entfernen kann und die einen Schlitzverschluß hat, kann man über dem Mikroskop befestigen. Das mikroskopische Bild kann im Kameraeinblick betrachtet und im geeigneten Augenblick der Spiegel weggeklappt und der Verschluß ausgelöst werden. Sehr viele Hersteller von Spiegelreflexkameras haben ihre Verwendung für Mikrofotografie schon vorgesehen und liefern ein Ansatzrohr, das die Verbindung zum Mikroskop herstellt. Erwünscht ist für das Arbeiten mit diesen Kameras die Möglichkeit, eine Klarglasscheibe mit Einstellmarke in die Kamera einzusetzen. Zweifellos ist es besser, das Mikroskop nicht mit dem Gewicht der Kamera und der Verschlußerschütterung zu belasten, sondern sie an einer Säule zu befestigen. Dabei kann man noch einen Balgen vor die Kamera setzen und mit diesem den Vergrößerungsmaßstab variieren. Zur Lichtabdichtung dient wieder ein Ring aus Schaumgummi. Ein stabiles Mikroskop hält aber diese Belastung schon aus.

Andererseits liefern viele Mikroskophersteller Einblickrohre, auf die eine Kamera aufgesetzt werden kann. Sie enthalten ein halbreflektierendes Prisma, so daß nur der Verschluß zu betätigen ist, und einen einwandfreien Okulareinblick.

Für die Fotografie auf dem Mikroskop kann der Blitz nach den Angaben benutzt werden, die bei Nah- und Makrofotografie beschrieben wurden. Auf die Silbertüte zum Schutz vor Reflexen kann verzichtet werden, zur Not auch auf die Linse (oder die sie vertretenden Fresnelscheiben). Ihre Benutzung ist aber trotzdem zu empfehlen, weil sie die Lichtwirkung merkbar verstärken. Gerade aber bei Verwendung am Mikroskop ist die Anbringung einer guten Wärmeschutzscheibe zwischen Frontplatte des Blitzes und den Pilotlampen zu empfehlen, da ja diese für die Beobachtung im Mikroskop ohne Unterbrechung gebraucht werden.

Um zeitraubende immer zu wiederholende Umbauten und Justierarbeiten zu vermeiden, empfehle ich, das Mikroskop und die Blitzeinrichtung (die ja gleichzeitig als Beleuchtungseinrichtung dient) auf einem Grundbrettchen so zu fixieren, daß sie stets betriebsbereit sind. Selbstverständlich wähle man nur einen solchen Blitz, der auch aus dem Netz betrieben werden kann. Der moderne und sonst recht nützliche „Computer" hat für Nahfotografie kaum, für Mikrofotografie überhaupt keine Bedeutung.

Wer die kleine Mühe der Eigenmontage eines Mikroblitzes scheut, kann selbstverständlich auch die fertige Blitzeinrichtung eines optischen Werkes erwerben. Ganz ohne Montagearbeiten wird es aber meist dann· auch nicht abgehen, wenn nicht Mikroskop und zugehörige Blitzeinrichtung zusammen erworben wurden.

Für Momentaufnahmen braucht man eine starke Lichtquelle. Es gibt solche für Mikroskopie, und wir könnten sie in Verbindung mit der kurzen Öffnungszeit moderner Verschlüsse benutzen. Wir würden aber dabei unsere lebenden Objekte, ebenso wie die empfindlichen Teile des Mikroskops, der gefährlichen Wärmestrahlung dieser Lichtquellen aussetzen. Als ich vor ca. 50 Jahren das Mikrofotografieren anfing, habe ich mich mit solchen Lichtquellen herumgequält. Heute haben wir es viel einfacher: Es gibt den Elektronenblitz mit seiner ideal kurzen Brennzeit von 1/1000 bis 1/2000 Sekunde und seiner wegen dieser Kürze verschwindend geringen Wärmeentwicklung. Weil die optischen Werke sehr zögernd an die Entwicklung von Elektronenblitzen für mikroskopische Arbeit gingen, habe ich mit immer geänderten und verbesserten Eigenbaueinrichtungen gearbeitet. Wenn ich heute mit einer teuren Einrichtung aus einem optischen Werk arbeite, so sind die Bilder, die ich damit fertig bekomme, auch nicht besser als meine früheren, nur die Hand-

habung ist bequemer. Ohne Elektronenblitz ist heute die Mikrofotografie lebender Objekte kaum denkbar, und seine vielen Vorteile
wirken sich natürlich auch bei der Aufnahme unbewegter Objekte
aus, vor allem bei Farbaufnahmen seine Tageslichtfärbung.
In der Mikrofotografie braucht der Blitz immer ein Pilotlicht. Man
soll damit nicht nur kurz vor einer Aufnahme beobachten können,
was fotografiert werden soll, sondern diese Beleuchtung soll auch
der normalen mikroskopischen Beobachtung dienen. Sie soll also
mit der Blitzbeleuchtung übereinstimmen.
Eine Irisblende (Bezugsquelle etwa Spindler u. Hoyer, Göttingen)
macht diese Beleuchtungseinrichtung zur echten „Köhlerschen Beleuchtung" fähig, sie wirkt dort als Sehfeldblende.
Nun fehlt noch eine Vorrichtung, die bei den fabrikmäßig gelieferten
Mikroskopen leider oft vernachlässigt wird, eine Vorrichtung zur
Dämpfung des Lichtes. Sie ist auch beim Mikroskopieren (ohne Fotografie) recht notwendig, denn die Helligkeit normaler Beleuchtung
reicht für starke Vergrößerungen aus, bei schwachen aber ist sie
so hell, daß das beobachtende Auge leicht geblendet wird und
damit auf die Dauer geschädigt werden kann. Die einfachste und
billigste Lösung ergibt sich, wenn man zwei gegeneinander verdrehbare Polarisationsfolien in den Strahlengang bringt. In unserer
Blitzeinrichtung ist sie unbedingt notwendig, um für die richtige
Lichtmenge zu sorgen, die den Film treffen soll. Für sie wird eine
Fassung (etwa aus dünnen Scheiben von Pertinax) geschaffen und
an der Mikroskopseite der Irisblende angebracht.

Lichtfilter (Schwarz/Weiß-Aufnahmen)

Die meisten Lehrbücher über Mikrofotografie enthalten ein längeres
Kapitel über Lichtfilter. Diese Frage läßt sich einfach erledigen.
Wenn für Schwarz/Weiß-Aufnahmen kein panchromatischer, son-
dern orthochromatischer Film verwendet und ein fotografisches
Gelbfilter vorgeschaltet wird, dann sind die blauen und die roten
Lichtstrahlen ausgefiltert. Durchgelassen werden nur die gelbgrünen.
Für diese sind auch die einfachen achromatischen Mikroskopobjek-
tive korrigiert und geben ein ausgezeichnetes Bild. Panchromatische
Filme erfordern ein Grünfilter, um die roten Strahlen nicht durch-
zulassen. Die Bedeutung solcher Filter wird aber weit überschätzt.

Farbaufnahmen
Bei Verwendung des Elektronenblitzes darf für Farbaufnahmen kein Filter benutzt werden. Für Zeitaufnahmen mit Glühlampenlicht verwendet man Kunstlichtfilm.

Filmmaterial

Für Schwarz/Weiß-Aufnahmen ist es bei kleinem Negativformat zweckmäßig, die fast kornlosen Dokumentenfilme zu verwenden, von denen mit bestem Erfolg Vergrößerungen bis 30 cm x 30 cm und größer angefertigt werden können. Auch für diesen Film, der nur eine geringe Empfindlichkeit hat, reicht die Leistung des Elektronenblitzes aus. Da die achromatisch korrigierten Objektive ihre Fehler am ehesten im Rot und Blau zeigen, empfehle ich — wie schon gesagt — nicht die Verwendung eines panchromatischen, sondern eines orthochromatischen Filmes mit Gelbfilter. Stellt man besondere Anforderungen an die Empfindlichkeit (etwa bei Phasenkontrast-Aufnahmen mit starken Vergrößerungen), so benutzt man einen normalen Film von ungefähr 14° DIN und entwickelt ihn mit einem der empfindlichkeitssteigernden Entwickler. Die angebliche Härte der Dokumentenfilme braucht man nicht zu fürchten, wenn man sie beispielsweise mit Rodinal 1 : 100 ca. 10—12 Minuten lang „weich" entwickelt.

Farbfilmmaterial
In mikroskopischen Bildern lebender Objekte treten lebhafte Färbungen verhältnismäßig selten auf, in der Hauptsache nur Grün. Der Vorteil des Farbbildes gegenüber dem Schwarzbild ist hier also geringer als in der Amateur-Fotografie. Selbst wenn gefärbte histologische Schnitte aufgenommen werden, hat die Farbe keine primäre Bedeutung. Sie dient nur zur Hervorhebung gewisser Kontraste. Immerhin sind Farbaufnahmen wegen ihrer naturgetreuen Wiedergabe vielfach den Schwarzbildern vorzuziehen.

Negativ-Farbfilm oder Umkehrfilm?
Der Mikrofotograf, der farbige Bilder machen will, sollte sich von Anfang an überlegen, ob er mit Negativ-Film oder mit Umkehrmaterial arbeiten will. Die Entscheidung hängt weitgehend davon ab, wie er

seine Bilder verwenden will. Der Negativ-Positiv-Film hat den Vorteil, daß von ihm sowohl farbige und Schwarz/Weiß-Papierbilder als auch Diapositive angefertigt werden können. Man muß sich dabei aber vor Augen halten, daß man bei mikroskopischen Bildern im allgemeinen darauf angewiesen ist, seine Bilder selbst zu verarbeiten, da eine Kopieranstalt nicht wie bei üblichen Amateurbildern einen Anhalt für den passenden Farbton hat. Mit Umkehrfilm sind diese Probleme wesentlich einfacher. Er liefert auf direktem Wege projektionsfähige Diapositive. Schwarz/Weiße Papierabzüge sind aber nur über ein Zwischennegativ zu erreichen. Die Entscheidung des richtigen Weges muß also dem Amateur nach seinen Wünschen überlassen bleiben.

Bei Belichtung durch Elektronenblitz kann natürlich nicht die Belichtungs*zeit* verändert werden. Diese ist ja durch die Abbrennzeit des Blitzes gegeben und steht fest. Die auf den Film fallende Lichtmenge darf auch aus den früher geschilderten mikroskopisch-optischen Gründen nicht durch Veränderung der Aperturblende gesteuert werden. Für diesen Zweck dient eine Dämpfungsvorrichtung, und zwar entweder ein (farbneutraler!) Graukeil oder die schon früher beschriebene Vorrichtung aus zwei Pola-Filtern, von denen das eine gegen das andere verdreht werden kann. Diese Dämpfungseinrichtung wird mit dem Pilotlicht auf eine solche Stellung des elektronischen Belichtungsmessers ausgerichtet, daß dort der Blitz die richtige Beleuchtung ergibt. Dies muß natürlich einmal durch Eichung ermittelt werden. Bei überaus dunklen Objekten werden beide Pola-Filter zusammen aus dem Strahlengang entfernt.

Belichtungsmessung

Eine Messung der Belichtungszeit bei Zeitaufnahmen ist für denjenigen, der nur Schwarz/Weiß-Filme verarbeiten will, nicht so dringend, weil der Schwarz/Weiß-Film einen verhältnismäßig großen Belichtungsspielraum besitzt. Im Mikroskop hängt die Bildhelligkeit ab von der Vergrößerungszahl, dem Grad der Abblendung und der Dichte des Präparates. Die Verhältnisse liegen also etwas anders als z. B. in der Landschaftsfotografie. Man kann sich aber durch Probebelichtungen eine Tabelle aufbauen, die die verschiedenen

Verhältnisse im eigenen Mikroskop berücksichtigt. In Zweifelsfällen belichtet man drei Aufnahmen etwa im Verhältnis 1 : 3 : 10. Dann wird kein Objekt durch Fehlbelichtung verloren gehen.

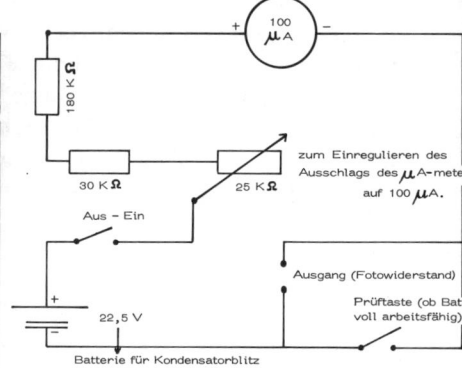

1. Schalter
2. Mikroamperemeter
3. Prüfknopf (bringt die Batterie das µAmeter noch auf genau 100 µA)

4. Stecker für Kabel zum Lichtfühler
5. Lichtfühler (paßt in Einblickrohr der Spiegelreflexkamera, trägt innen einen Fotowiderstand, LDR)
6. Ein „ORP" (Philips)
7. Ein „LDR" (Philips)
8. Plastikbüchse

Farbfilm

Unbedingt notwendig ist eine genaue Belichtungsmessung jedoch bei der Verwendung von Farbfilmen. Hier sind die herkömmlichen fotographischen Belichtungsmesser zu unempfindlich. Wer jedoch einen der neueren mit Kadmiumsulfid-Fotowiderstand und Batterie besitzt, kann ihn auch für die Mikrofotografie gut verwenden. Am besten wird er mit einer Lichtabdichtung aus Schaumgummi vor die Einblicklupe z. B. der Spiegelreflexkamera gesetzt.

Auch ein solches Instrument ist nach Eichung für die Belichtungsmessung ausgezeichnet brauchbar, wenn nur Hellfeldaufnahmen gemacht werden. Es mißt die Gesamtmenge des auf das Bildfeld fallenden Lichtes und wird somit stets eine richtige Belichtungszeit ergeben. Für Dunkelfeldaufnahmen ist man auf Schätzungen angewiesen. Ist z. B. im Dunkelfeld ein Gegenstand zu sehen, der ungefähr 10 % des gesamten Bildfeldes ausmacht, so muß das Ergebnis der Integralmessung mit 9 multipliziert werden, weil 90 % des sich bei Hellfeldaufnahmen ergebenden Lichtes fehlen, falls vom Dunkelfeld wirklich kein Licht herkommt. Nach einigen Versuchen und mit etwas Fingerspitzengefühl wird man mit der Integralmessung auch bei Dunkelfeldaufnahmen gute Ergebnisse erzielen. In Zweifelsfällen kann man wiederum mit verschiedenen Belichtungszeiten arbeiten. Wählt man bei Farbfilm infolge seines geringen Belichtungsspielraumes das Verhältnis 1 : 2 : 4, so kann auch hierbei kaum ein Objekt infolge falscher Belichtung verloren gehen.

Lichtmeßgerät

Vor Jahren, als CDS-Belichtungsmesser für Amateurfotografen noch selten im Handel waren, hat mir jemand, der etwas von Elektronik verstand, eine Schaltung genannt, die ich mir dann in eine Plastikbüchse eingebaut habe. Sie wird zusammen mit einem Fotowiderstand (LDR oder besser ORP von Philips) benutzt, die nur wenige Mark kosten, wie auch die Kosten der Schaltelemente klein sind. Die genannten Fotowiderstände haben eine sehr kleine Ausdehnung (der ORP nur von 3 x 8 mm). Man kann also mit ihnen auch sehr kleine Bildteile im Mikrobild in ihrer Helligkeit ausmessen, also „Punktmessungen" machen.

Den Fotowiderstand habe ich in eine Papphülse eingebaut, die mit Hilfe einer aus Schwammgummi bestehenden Abschlußvorrichtung lichtdicht in die Foto-Einblicksöffnung gesteckt werden kann.

Diese Einrichtung mißt das Pilotlicht, dessen Intensität durch einen Graukeil (man kann stattdessen natürlich auch verdrehbare Pola-Filter nehmen) so eingestellt wird, daß derjenige Ausschlag des Mikroamperemeters resultiert, bei dem der Blitz richtig belichtete Bilder ergibt. Das erfordert selbstverständlich eine Eichung.

Will ich ohne Benutzung des Blitzes nur mit dem Pilotlicht fotografieren, so muß ich (auch durch Eichung ausprobiert) 4 Sekunden belichten. — Mit diesem Lichtmeßgerät, das mit geringen Kosten und wenig Arbeit herzustellen ist, habe ich seit mehreren Jahren auch mit Farbumkehrfilm beste Erfahrungen gemacht und kaum einmal eine Aufnahme durch Belichtungsfehler verloren.

Die Schaltung des Geräts und ein Foto desselben zeigt Abb. 130.

Allgemeine Hinweise

Noch einige Hinweise, die viel Lehrgeld ersparen können:
Man sollte sich unbedingt daran gewöhnen, unmittelbar nach jeder Aufnahme die zugehörigen Daten (Tag der Aufnahme, Fundort des Materials, Filmsorte, Objektiv, Okular, Auszugslänge, evtl. auch Beleuchtungsart usw.) aufzuschreiben. Am besten benutzt man dazu ein Durchschreibeheft. Ein Blatt verbleibt darin und das zweite kommt in die Negativsammlung zu dem Film. Auf Vergrößerungen, die man nach einem Negativ macht, vermerkt man die Vergrößerungszahl, sofern sie am Vergrößerungsgerät ermittelt werden kann. Wir erleichtern uns damit im Bedarfsfall die Herstellung weiterer Vergrößerungen und die genaue Angabe der Vergrößerungszahl auf dem endgültigen Bild. Ich gestehe ehrlich, daß mir das Fehlen der wichtigsten Daten nachträglich oft großen Verdruß bereitet hat.

Sofern man auch lebende Objekte fotografiert, wird es gut sein, die Ausrüstung des Mikroskops durch einen Kreuztisch (= Objektführer) zu ergänzen. Der Ärger, den man sonst bei beweglichen Objekten hat, wiegt die Kosten auf. Der Kreuztisch sollte mit Nonien versehen sein, damit man z. B. in einem Dauerpräparat eine bestimmte Stelle immer wieder leicht auffinden kann.

Man wird sich bald angewöhnen, beide Schrauben des Kreuztisches gleichzeitig mit einer Hand zu bedienen. Die andere braucht man für die Feineinstellung des Mikroskops, die bei lebenden Objekten ständig wechselt. Nun ergibt sich allerdings die Frage, woher man die „dritte" Hand nimmt, die den Auslöseknopf der Kamera genau im richtigen Bruchteil einer Sekunde bedient. Ich habe die verschiedensten Wege versucht. Für einen Fußauslöser erwies sich meine Reaktionszeit als zu lang und auch die hierzu gehörende Apparatur als zu umständlich. Für einen „Mundauslöser" war ich nicht „bissig" genug. Außerdem erschien mir diese Lösung als zu unbequem und nicht genügend hygienisch. Versuche, den Drahtauslöser mit der für die Feineinstellung benötigten Hand zu bedienen, verliefen auch unbefriedigend. Schließlich fand ich die Lösung in der vor ca. 60 Jahren als überholt beiseite gelegten pneumatischen Auslösung, die jetzt durch Verwendung eines Kunststoffschlauches von ca. 75 cm Länge wieder auferstanden ist. Der kleine Ball läßt sich leicht in den letzten Fingern derjenigen Hand halten, deren Zeigefinger und Daumen die Feineinstellung bedienen.

Gesamt-Programm

Essen und Trinken

FALKEN EXKLUSIV
Kochen in höchster Vollendung
Aus vier Elementen ist alles zusammengefügt (Theophrast). (4291) Von M. Wissing, M. Kirsch, 160 S., 230 Farbfotos, Leinen geprägt mit Schutzumschlag, im Schuber.
DM 98,–, S 784.–

Köstliche Suppen
für jede Tages- und Jahreszeit. (5122) Von E. Fuhrmann, 64 S., 38 Farbfotos, 2 Zeichnungen, Pappband. ●●

Was koche ich heute?
Neue Rezepte für Fix-Gerichte. (0608) Von A. Badelt-Vogt, 112 S., 16 Farbtafeln, kart. ●

Kochen für 1 Person
Rationell wirtschaften, abwechslungsreich und schmackhaft zubereiten. (0586) Von M. Nicolin, 136 S., 8 Farbtafeln, 23 Zeichnungen, kart. ●

Schnell und individuell
Die raffinierte Single-Küche
(4266) Von F. Faist, 160 S., 151 Farbfotos, Pappband. ●●●

Gesunde Kost aus dem Römertopf
(0442) Von J. Kramer, 128 S., 8 Farbtafeln, 13 Zeichnungen, kart. ●

FALKEN-FEINSCHMECKER
Pasta in Höchstform
Nudeln
(0884) Von M. Kirsch, 64 S., 62 Farbfotos, Pappband. ●

Nudelgerichte
– lecker, locker, leicht zu kochen. (0466) Von C. Stephan, 80 S., 8 Farbtafeln, kart. ●

Lieblingsrezepte
Phantasievoll zubereitet und originell dekoriert. (4234) Hrsg. P. Diller. 160 S., 120 Farbfotos, 34 Zeichnungen, Pappband. ●●●

FALKEN-FEINSCHMECKER
In Hülle und Fülle
Pasteten und Terrinen
(0883) Von M. Kirsch, 48 S., 62 Farbfotos, Pappband. ●

FALKEN-FEINSCHMECKER
Spezialitäten unter knuspriger Decke
Aufläufe
(0882) Von C. Adam, 48 S., 33 Farbfotos, Pappband. ●

Die besten Eintöpfe und Aufläufe
Das Beste aus den Kochtöpfen der Welt (5079) Von A. und G. Eckert, 64 S., 50 Farbfotos, Pappband. ●●

FALKEN-FEINSCHMECKER
Herzhaftes für Leib und Seele
Eintöpfe
(0820) Von P. Klein, 48 S., 30 Farbfotos, Pappband. ●

Schnell und gut gekocht
Die tollsten Rezepte für den Schnellkochtopf. (0265) Von J. Ley, 96 S., 8 Farbtafeln, kart. ●

Kochen und backen im Heißluftherd
Vorteile, Gebrauchsanleitung, Rezepte. (0516) Von K. Kölner, 72 S., 8 Farbtafeln, kart. ●

Zaubern mit der schnellen Welle
Die neue Mikrowellenküche
(4289) Von F. Faist, 208 S., 188 Farbfotos, Pappband. ●●●

Das neue Mikrowellen-Kochbuch
(0434) Von H. Neu, 64 S., 4 Farbtafeln, 16 s/w Zeichnungen, kart. ●

Ganz und gar mit Mikrowellen
(4094) Von T. Peters, 208 S., 24 Farbfotos, 12 Zeichnungen, kart. ●●●

FALKEN-FEINSCHMECKER
Schnell auf den Tisch gezaubert
Kochen mit Mikrowellen
(0818) Von A. Danner, 64 S., 52 Farbfotos, Pappband. ●

Marmeladen, Gelees und Konfitüren
Köstlich wie zu Omas Zeiten – einfach selbstgemacht. (0720) Von M. Gutta, 32 S., 23 Farbfotos, 1 Zeichnung, Pappband. ●

Einkochen
nach allen Regeln der Kunst. (0405) Von B. Müller, 128 S., 8 Farbtafeln, kart. ●

Einkochen, Einlegen, Einfrieren
(4055) Von B. Müller, 152 S., 27 s/w.-Abb., kart. ●●

FALKEN-FEINSCHMECKER
Goldbraun und knusprig
Fritierte Leckerbissen
(0868) Von F. Faist, 64 S., 47 Farbfotos, Pappband. ●

Das neue Fritieren
geruchlos, schmackhaft und gesund. (0365) Von P. Kühne, 96 S., 8 Farbtafeln, kart. ●

FALKEN-FEINSCHMECKER
Die Krönung der feinen Küche
Saucen
(0817) Von G. Cavestri, 48 S., 40 Farbfotos, Pappband. ●

FALKEN-FEINSCHMECKER
Edler Kern in harter Schale
Meeresfrüchte
(0886) Von L. Grieser, 48 S., 52 Farbfotos, Pappband. ●

FALKEN-FEINSCHMECKER
Von Tatar und falschen Hasen
Hackfleisch
(0866) Von A. und G. Eckert, 64 S., 42 Farbfotos, Pappband. ●

Mehr Freude und Erfolg beim **Grillen**
(4141) Von A. Berliner, 160 S., 147 Farbfotos, 10 farbige Zeichnungen, Pappband. ●●●

Grillen
Fleisch · Fisch · Beilagen · Soßen. (5001) Von E. Fuhrmann, 64 S., 38 Farbfotos, Pappband. ●●

Chinesisch kochen
mit dem Wok-Topf und dem Mongolen-Topf. (0557) Von C. Korn, 64 S., 8 Farbtafeln, kart. ●

Schlemmerreise durch die
Chinesische Küche
(4184) Von Kuo Huey Jen, 160 S., 117 Farbfotos, Pappband. ●●●

Nordische Küche
Speisen und Getränke von der Küste. (5082) Von J. Kürtz, 64 S., 44 Farbfotos, Pappband. ●●

Deutsche Küche
Schmackhafte Gerichte von der Nordsee bis zu den Alpen. (5025) Von E. Fuhrmann, 64 S., 52 Farbfotos, Pappband. ●●

Essen in Hessen
Spezialitäten zwischen Schwalm und Odenwald. (0837) Von R. Witt, 120 S., 10 s/w-Zeichnungen, Pappband. ●●

Französisch kochen
Eine kulinarische Reise durch Frankreich. (5016) Von M. Gutta, 64 S., 35 Farbfotos, Pappband. ●●

Französische Küche
(0685) Von M. Gutta, 96 S., 16 Farbtafeln, kart. ●

Französische Spezialitäten aus dem Backofen
Herzhafte Tartes und Quiches mit Fleisch, Fisch, Gemüse und Käse
(5146) Von P. Klein, 64 S., 43 Farbfotos, Pappband. ●●

FALKEN-FEINSCHMECKER
Aus lauter Lust und Liebe
Knoblauch
(0867) Von L. Reinirkens, 64 S., 45 Farbfotos, Pappband. ●

Kochen und würzen mit Knoblauch
(0725) Von A. und G. Eckert, 96 S., 8 Farbtafeln, kart. ●

Schlemmerreise durch die
Italienische Küche
(4172) Von V. Pifferi. 160 S., 109 Farbfotos, Pappband. ●●●

Pizza, Pasta und die feine italienische Küche
(4270) Von R. Rudatis, 120 S., 255 Farbfotos, Pappband. ●●

Italienische Küche
Ein kulinarischer Streifzug mit regionalen Spezialitäten. (5026) Von M. Gutta, 64 S., 35 Farbfotos, Pappband. ●●

Köstliche Pizzas, Toasts, Pasteten
Schmackhafte Gerichte schnell zubereitet. (5081) Von A. und G. Eckert, 64 S., 46 Farbfotos, Pappband. ●●

FALKEN-FEINSCHMECKER
Schlemmen wie bei Mamma Maria
Pizzas
(0815) Von F. Faist, 64 S., 62 Farbfotos, Pappband. ●

Köstliche Pilzgerichte
Tips und Rezepte für die häufigsten Pilzgattungen. (5133) Von V. Spicker-Noack, M. Knoop, 64 S., 52 Farbfotos, Pappband. ●●

Köstliche Fondues
mit Fleisch, Geflügel, Fisch, Käse, Gemüse und Süßem. (5006) Von E. Fuhrmann, 64 S., 50 Farbfotos, Pappband. ●●

Fondues
und fritierte Leckerbissen. (0471) Von S. Stein, 96 S., 8 Farbtafeln, kart. ●

Fondues · Raclettes · Flambiertes
(4081) Von R. Peiler und M.-L. Schult, 136 S., 15 Farbtafeln, 28 Zeichnungen, kart. ●●

Neue, raffinierte Rezepte mit dem Raclette-Grill
(0558) Von L. Helger, 56 S., 8 Farbtafeln, kart. ●

Die hier vorgestellten Bücher, Videokassetten und Software sind in folgende Preisgruppen unterteilt:

● Preisgruppe bis DM 10,–/S 70,–
●● Preisgruppe über DM 10,– bis DM 20,– S 80,– bis S 160,–
●●● Preisgruppe über DM 20,– bis DM 30,– S 161,– bis S 240,–
●●●● Preisgruppe über DM 30,– bis DM 50,– S 241,– bis S 400,–
●●●●● Preisgruppe über DM 50,–/S 401.–
*(unverbindliche Preisempfehlung)

FALKEN VERLAG

Postfach 1120 · D-6272 Niedernhausen/Ts.   Tel. 0 6127/70 20 · Telex 4186585 fves d   1

Rezepte rund um Raclette und Doppeldecker
(0420) Von J. W. Hochscheid, 72 S., 8 Farbtafeln, kart. ●

Fondues und Raclettes
(4253) Von F. Faist, 160 S., 125 Farbfotos, Pappband. ●●●

FALKEN-FEINSCHMECKER
Schmelzendes Käsevergnügen
Raclette
(0881) Von F. Faist, 48 S., 33 Farbfotos, Pappband. ●

Kulinarischer Feuerzauber
Flambieren
(4294) Von R. Wesseler, 120 S., 100 Farbfotos, Pappband. ●●●

Kochen und würzen mit
Paprika
(0792) Von A. und G. Eckert, 88 S., 8 Farbtafeln, kart. ●

Kleine Kalte Küche
für Alltag und Feste. (5097) Von A. und G. Eckert, 64 S., 45 Farbfotos, Pappband. ●

Kalte Platten – Kalte Büfetts
rustikal bis raffiniert. (5015) Von M. Gutta, 64 S., 34 Farbfotos, Pappband. ●●

Kalte Happen und Partysnacks
Canapés, Sandwiches, Pastetchen, Salate und Suppen. (5029) Von D. Peters, 64 S., 44 Farbfotos, Pappband. ●●

Garnieren und Verzieren
(4236) Von R. Biller, 160 S., 329 Farbfotos, 57 Zeichnungen, Pappband. ●●●

Desserts
Puddings, Joghurts, Fruchtsalate, Eis, Gebäck, Getränke. (5020) Von M. Gutta, 64 S., 41 Farbfotos, Pappband. ●

FALKEN-FEINSCHMECKER
Süße Verführungen
Desserts
(0885) Von M. Bacher, 64 S., 75 Farbfotos, Pappband. ●

FALKEN-FEINSCHMECKER
Süße Geheimnisse eiskalt gelüftet
Eis und Sorbets
(0870) Von H. W. Liebheit, 48 S., 38 Farbfotos, Pappband. ●

Crêpes, Omeletts und Soufflés
Pikante und süße Spezialitäten. (5131) Von J. Rosenkranz, 64 S., 45 Farbfotos, Pappband. ●●

Kuchen und Torten
Die besten und beliebtesten Rezepte. (5067) Von M. Sauerborn, 64 S., 79 Farbfotos, Pappband. ●

Tortenträume und Kuchenfantasien
Gebackene Köstlichkeiten originell dekoriert und verziert. (0823) Von F. Faist, 80 S., 150 Farbfotos, kart. ●●

Backen mit Lust und Liebe
(4284) Von M. Schumacher, R. Krake, 242 S., 348 Farbfotos, 18 farb. Vignetten, 3 vierseitige Ausklapptafeln, Pappband. ●●●●

Schönes Hobby Backen
Erprobte Rezepte mit modernen Backformen. (0451) Von E. Blome, 96 S., 8 Farbtafeln, kart. ●

Backen, was allen schmeckt
Kuchen, Torten, Gebäck und Brot. (4166) Von E. Blome, 556 S., 40 Farbtafeln, Pappband. ●●●

Meine Vollkornbackstube
Brot · Kuchen · Aufläufe. (0616) Von R. Raffelt, 96 S., 4 Farbtafeln, 12 Zeichnungen, kart. ●

FALKEN-FEINSCHMECKER
Mit Körnern, Zimt und Mandelkern
Vollkorngebäck
(0816) Von M. Bustorf-Hirsch, 48 S., 39 Farbfotos, Pappband.

Biologisch Backen
Neue Rezeptideen für Kuchen, Brote, Kleingebäck aus vollem Korn. (4174) Von M. Bustorf-Hirsch, 136 S., 15 Farbtafeln, 47 Zeichnungen, kart. ●●

Selbst Brotbacken
Über 50 erprobte Rezepte. (0370) Von J. Schiermann, 80 S., 6 Zeichnungen, 4 Farbtafeln, kart. ●

Mehr Freude und Erfolg beim
Brotbacken
(4148) Von A. und G. Eckert, 160 S., 177 Farbfotos, Pappband. ●●●

Brotspezialitäten
knusprig backen – herzhaft kochen. (5088) Von J. W. Hochscheid und L. Helger, 64 S., 48 Farbfotos, Pappband. ●●

Weihnachtsbäckerei
Köstliche Plätzchen, Stollen, Honigkuchen und Festtagstorten. (0682) Von M. Sauerborn, 32 S., 36 Farbfotos, Pappband. ●

Waffeln
süß und pikant. (0522) Von C. Stephan, 64 S., 8 Farbtafeln, kart. ●

Kochen für Diabetiker
Gesund und schmackhaft für die ganze Familie. (4132) Von M. Toeller, W. Schumacher, A. C. Groote, 224 S., 109 Farbfotos, 94 Zeichnungen, Pappband. ●●●

Neue Rezepte für Diabetiker-Diät
Vollwertig – abwechslungsreich – kalorienarm. (0418) Von M. Oehlrich, 120 S., 8 Farbtafeln, kart. ●

Wer schlank ist, lebt gesünder
Tips und Rezepte zum Schlankwerden und -bleiben. (0562) Von R. Mainer, 80 S., 8 Farbtafeln, kart. ●

SLIM
Der neue, individuelle Schlankheitsplan (4277) Von Prof. Dr. E. Menden, W. Aign, 120 S., 440 Farbfotos, Pappband. ●●●

Kalorien – Joule
Eiweiß · Fett · Kohlenhydrate tabellarisch nach gebräuchlichen Mengen. (0374) Von M. Bormio, 88 S., kart. ●

Alles mit Joghurt
tagfrisch selbstgemacht. Mit vielen Rezepten. (0382) Von G. Volz, 88 S., 8 Farbtafeln, kart. ●

Gesund leben – schlank werden mit der
Bio-Kur
(0657) Von S. Winter, 144 S., 4 Farbtafeln, kart. ●

FALKEN-FEINSCHMECKER
Raffiniert und gesund würzen
Kräuterküche
(0869) Von A. Görgens, 48 S., 43 Farbfotos, Pappband. ●

Miekes Kräuter- und Gewürzkochbuch
(0323) Von I. Persy und K. Mieke, 96 S., 8 Farbtafeln, kart. ●

Das köstliche knackige Schlemmervergnügen.
Salate
(4165) Von V. Müller, 160 S., 80 Farbfotos, Pappband. ●●●

111 köstliche Salate
Erprobte Rezepte mit Pfiff. (0222) Von C. Schönherr, 96 S., 8 Farbtafeln, 30 Zeichnungen, kart. ●

FALKEN-FEINSCHMECKER
Köstlich frisch auf den Tisch
Rohkostsalate
(0865) Von C. Adam, 48 S., 26 Farbfotos, Pappband. ●

Joghurt, Quark, Käse und Butter
Schmackhaftes aus Milch hausgemacht. (0739) Von M. Bustorf-Hirsch, 32 S., 59 Farbabb., Pappband. ●

Optimale Ernährung
für Krafttraining und Bodybuilding (0912) Von B. Dahmen, 88 S., 8 Farbtafeln, 8 Zeichnungen, kart. ●

Die abwechslungsreiche
Vollwertküche
Vitaminreich und naturbelassen kochen und backen. (4229) Von M. Bustorf-Hirsch, K. Siegel, 280 S., 31 Farbtafeln, 78 Zeichnungen, Pappband. ●●●●

Die feine Vollwertküche
(4286) Von M. Bustorf-Hirsch, 160 S., 83 Farbfotos, Pappband. ●●●

Meine Vollkornküche
Herzhaftes von echtem Schrot und Korn (0858) Von S. Walz, 128 S., 8 Farbtafeln, kart. ●

**Alternativ essen
Die gesunde Sojaküche.**
(0553) Von U. Kolster, 112 S., 8 Farbtafeln, kart. ●

Kochen mit Tofu
Die gesunde Alternative. (0894) Von U. Kolster, 80 S., 8 Farbtafeln, kart. ●

Das Reformhaus-Kochbuch
Gesunde Ernährung mit hochwertigen Naturprodukten. (4180) Von A. und G. Eckert, 160 S. 15 Farbtafeln, Pappband. ●●

Gesund kochen mit Keimen und Sprossen
(0794) Von M. Bustorf-Hirsch, 104 S., 8 Farbtafeln, 13 s/w-Zeichnungen, kart. ●

Die feine Vegetarische Küche
(4235) Von F. Faist, 160 S., 191 Farbfotos, Pappband. ●●●

Biologische Ernährung
für eine natürliche und gesunde Lebensweise. (4125) Von G. Leibold, 136 S., 15 Farbtafeln, 47 Zeichnungen, kart. ●●

Gesunde Ernährung für mein Kind
(0776) Von M. Bustorf-Hirsch, 96 S., 8 Farbtafeln, 5 s/w Zeichnungen, kart. ●

Vitaminreich und naturbelassen
Biologisch Kochen
(4162) Von M. Bustorf-Hirsch und K. Siegel, 144 S., 15 Farbtafeln, 31 Zeichnungen, kart. ●●

Gesund kochen
wasserarm · fettfrei · aromatisch. (4060) Von M. Gutta, 240 S., 16 Farbtafeln, Pappband. ●●●

Kräuter- und Heilpflanzen-Kochbuch
für eine gesunde Lebensweise. (4066) Von P. Pervenche, 143 S., 15 Farbtafeln. kart. ●●

Pralinen und Konfekt
Kleine Köstlichkeiten selbstgemacht. (0731) Von H. Engelke, 32 S., 57 Farbfotos, Pappband. ●

Die hier vorgestellten Bücher, Videokassetten und Software sind in folgende Preisgruppen unterteilt:

● Preisgruppe bis DM 10,–/S 79,–
●● Preisgruppe über DM 10,– bis DM 20,– S 80,– bis S 160,–
●●● Preisgruppe über DM 20,– bis DM 30,– S 161,– bis S 240,–
●●●● Preisgruppe über DM 30,– bis DM 50,– S 241,– bis S 400,–
●●●●● Preisgruppe über DM 50,–/S 401,–
*(unverbindliche Preisempfehlung)

FALKEN VERLAG

Die Preise entsprechen dem Status beim Druck dieses

FALKEN-FEINSCHMECKER

Zart schmelzende Versuchungen
Schokolade
(0819) Von J. Schroer, 48 S., 53 Farbfotos, Pappband. ●

Köstlichkeiten für Gäste und Feste
Kalte Platten
(4200) Von I. Pfliegner, 160 S., 130 Farbfotos, Pappband. ●●●

Kochen für Gäste
Köstliche Menüs mit Liebe zubereitet.
(5149) Von R. Wesseler, 64 S., 40 Farbfotos, Pappband. ●●

Das richtige Frühstück
Gesunde Vollwertkost vitaminreich und naturbelassen.
(0784) Von C. Kratzel und R. Böll, 32 S., 28 Farbfotos, Pappband. ●

Bocuse à la carte
Französisch kochen mit dem Meister.
(4237) Von P. Bocuse, 88 S., 218 Farbfotos, Pappband. ●

Kochschule mit Paul Bocuse
(6016/VHS, 6017/Video 2000, 6018/Beta).
60 Min. in Farbe. ●●●●●*

Natursammlers Kochbuch
Wildfrüchte und Gemüse, Pilze, Kräuter – finden und zubereiten. (4040) Von C. M. Kerler, 140 S., 12 Farbtafeln, kart. ●●

Cocktails
(4267) Von W. R. Hoffmann, W. Hubert, U. Lottring, 160 S., 164 Farbfotos, 1 s/w-Foto, Pappband. ●●●

Neue Cocktails und Drinks
mit und ohne Alkohol. (0517) Von S. Späth, 128 S., 4 Farbtafeln, kart., ●

Mixgetränke
mit und ohne Alkohol (5017) Von C. Arius, 64 S., 35 Farbfotos, Pappband. ●●

Cocktails und Mixereien
für häusliche Feste und Feiern. (0075) Von J. Walker, 96 S., 4 Farbtafeln, kart. ●

Die besten Punsche, Grogs und Bowlen
(0575) Von F. Dingden, 64 S., 4 Farbtafeln, kart. ●

Weine und Säfte, Liköre und Sekt
selbstgemacht. (0702) Von P. Arauner, 232 S., 76 Abb., kart. ●●

Mitbringsel aus meiner Küche
selbst gemacht und liebevoll verpackt.
(0668) Von C. Schönherr, 32 S., 30 Farbfotos, Pappband. ●

Weinlexikon
Wissenswertes über die Weine der Welt.
(4149) Von U. Keller, 228 S., 6 Farbtafeln, 395 s/w-Fotos, Pappband. ●●●

Heißgeliebter Tee
Sorten, Rezepte und Geschichten. (4114) Von C. Maronde, 153 S., 16 Farbtafeln, 93 Zeichnungen, Pappband. ●●

Tee für Genießer.
Sorten · Riten · Rezepte. (0356) Von M. Nicolin, 64 S., 4 Farbtafeln, kart. ●

Tee
Herkunft · Mischungen · Rezepte. (0515) Von S. Ruske, 96 S., 4 Farbtafeln, 16 s/w-Abbildungen, Pappband. ●

Kinder lernen spielend backen
(5110) Von M. Gutta, 64 S., 45 Farbfotos, Pappband. ●●

Kinder lernen spielend kochen
Lieblingsgerichte mit viel Spaß selbst zubereitet
(5096) Von M. Gutta, 64 S., 45 Farbfotos, Pappband. ●●

Komm, koch mit mir
Kunterbuntes Kochvergnügen für Kinder.
(4285) Von S. und H. Theilig, Illustrationen von B. v. Hayek, 96 S., 48 Farbfotos, 350 Farb- und 1 s/w-Zeichnung, Pappband. ●●

Hobby

Aquarellmalerei
als Kunst und Hobby. (4147) Von H. Haack und B. Wersche, 136 S., 62 Farbfotos, 119 Zeichnungen, Pappband. ●●●●

Aquarellmalerei
Materialien · Techniken · Motive.
(5099) Von T. Hinz, 64 S., 79 Farbfotos, Pappband. ●●

Hobby Aquarellmalen
Landschaft und Stilleben
(0876) Von I. Schade, A. Brück, 80 S., 111 Farbabbildungen, kart. ●●

Videokassette
Hobby Aquarellmalen
Landschaft und Stilleben (6022/VHS)
ca. 40 Min., in Farbe, ●●●●*

Aquarellmalerei leicht gelernt
Materialien · Techniken · Motive.
(0787) Von T. Hinz, R. Braun, B. Zeidler, 32 S., 38 Farbfotos, 1 Zeichnung, ●

Aquarellieren auf Seide
Materialien · Techniken · Motive.
(0917) Von I. Demharter, 32 S., 41 Farbfotos, Pappband. ●

Hobby Ölmalerei
Landschaft und Stilleben
(0875) Von H. Kämper, I. Becker, 80 S., 93 Farbabb., kart. ●●

Videokassette
Hobby Ölmalerei
Landschaft und Stilleben (6025/VHS)
ca. 40 Min., in Farbe, ●●●●*

Falken-Handbuch
Zeichnen und Malen
(4167) Von B. Bagnall, 336 S., 1154 Farbabb., Pappband. ●●●●●

Naive Malerei
Materialien · Motive · Techniken. (5083) Von F. Krettek, 64 S., 76 Farbfotos, Pappband. ●●

Bauernmalerei
als Kunst und Hobby. (4057) Von A. Gast und H. Stegmüller, 128 S., 239 Farbfotos, 26 Riß-Zeichnungen, Pappband. ●●●●

Hobby Bauernmalerei
(0436) Von S. Ramos und J. Roszak, 80 S., 116 Farbfotos und 28 Motivvorlagen, kart. ●●

Bauernmalerei
Kreatives Hobby nach alter Volkskunst
(5039) Von S. Ramos, 64 S., 85 Farbfotos, Pappband. ●●

Glasmalerei
als Kunst und Hobby. (4088) Von F. Krettek und S. Beeh-Lustenberger, 132 S., 182 Farbfotos, 38 Motivvorlagen, Pappband. ●●●●

Naive Hinterglasmalerei
Materialien · Techniken · Bildvorlagen
(5145) Von F. Krettek, 64 S., 87 Farbfotos, 6 Zeichnungen, Pappband. ●●

Kalligraphie
Die Kunst des schönen Schreibens
(4263) Von C. Hartmann, 120 S., 44 Farbvorlagen, 29 s/w-Vorlagen, 2 s/w-Zeichnungen, 38 Farbfotos, Pappband. ●●●

Seidenmalerei als Kunst und Hobby
(4264) Von S. Hahn, 136 S., 256 Farbfotos, 1 s/w-Foto, 34 Farbzeichnungen, Pappband. ●●●●

Kunstvolle Seidenmalerei
(0783) Von I. Demharter, 32 S., 56 Farbfotos, Pappband. ●

Zauberhafte Seidenmalerei
Materialien · Techniken · Gestaltungsvorschläge. (0664) Von E. Dorn, 32 S., 62 Farbfotos, Pappband. ●

Hobby Seidenmalerei
(0611) Von R. Henge, 88 S., 106 Farbfotos, 28 Zeichnungen, kart. ●●

Hobby Stoffdruck und Stoffmalerei
(0555) Von A. Ursin, 80 S., 68 Farbfotos, 68 Zeichnungen, kart. ●●

Stoffmalerei und Stoffdruck
Materialien · Techniken · Ideen · Modelle
(5074) Von H. Gehring, 64 S., 110 Farbfotos, Pappband. ●●

Batik
leicht gemacht. Materialien ·Färbetechniken · Gestaltungsideen. (5112) Von A. Gast, 64 S., 105 Farbfotos, Pappband. ●●

Textilfärben
Färben so einfach wie Waschen. (0693) Von W. Siegrist, P. Schärli, 32 S., 47 Farbfotos, 3 Zeichnungen, Spiralbindung. ●

Kreatives Bilderweben
Materialien – Vorlagen – Motive
(0814) Von A. Schulte-Huxel, 32 S., 58 Farbfotos, 8 Zeichnungen, Pappband. ●

Hobby Applikationen
Materialien · Techniken · Modelle.
(0899) Von H. Probst-Reinhardt, 80 S., 92 Farbfotos, 31 Zeichnungen, kart. ●●

Flechten
mit Bast, Stroh und Peddigrohr. (5098) Von H. Hangleiter, 64 S., 47 Farbfotos, 76 Zeichnungen, Pappband. ●●

Makramee
Knüpfarbeiten leicht gemacht. (5075) Von B. Pröttel, 64 S., 95 Farbfotos, Pappband. ●●

Falken-Handbuch
Nähen
Abc der Nähtechniken und kreative Modellschneiderei in ausführlicher Schritt-für-Schritt-Bildfolgen.
(4272) Von A. Bree, 320 S., 1142 Abbildungen, Schnittmusterbogen für alle Modelle, Pappband. ●●●●

Falken-Handbuch
Häkeln
ABC der Häkeltechniken und Häkelmuster in ausführlichen Schritt-für-Schritt-Bildfolgen.
(4194) Von H. Fuchs, M. Natter, 288 S., 597 Farbfotos, 476 farbige Zeichnungen, Pappband. ●●●●

Häkeln
Schritt für Schritt für Rechts- und Linkshänder. (5134) Von H. Klaus, 64 S., 120 Farbfotos, 144 Zeichnungen, Pappband. ●●

Klöppeln
Schritt für Schritt leicht gelernt. (0788) Von U. Seiffer, 32 S., 42 Farb-, 1 s/w-Foto, 25 Zeichnungen, mit Klöppelbriefen, Pappband. ●

Sticken
Schritt für Schritt für Rechts- und Linkshänder. (5135) Von U. Werner, 64 S., 196 Farbfotos, 96 Zeichnungen, Pappband. ●●

Die hier vorgestellten Bücher, Videokassetten und Software sind in folgende Preisgruppen unterteilt:

● Preisgruppe bis DM 10,–/S 79,–

●● Preisgruppe über DM 10,– bis DM 20,– S 80,– bis S 160,–

●●● Preisgruppe über DM 20,– bis DM 30,– S 161,– bis S 240,–

●●●● Preisgruppe über DM 30,– bis DM 50,– S 241,– bis S 400,–

●●●●● Preisgruppe über DM 50,–/S 401,–
*(unverbindliche Preisempfehlung)

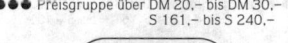

Monogrammstickerei
Mit Vorlagen für Initialen, Vignetten und
Ornamente. (5148) Von H. Fuchs, 64 S.,
50 Farbfotos, 50 Zeichnungen, Pappband.
●●

Falken-Handbuch
Stricken
ABC der Stricktechniken und Strickmuster in
ausführlichen Schritt-für-Schritt-Bildfolgen.
(4137) Von M. Natter, 312 S., 106 Farb- und
922 s/w-Fotos, 318 Zeichnungen, Pappband.
●●●●●

Bestrickend schöne Ideen
Pullover, Westen, Ensembles, Jacken
(4178) Von R. Weber, 208 S., 220 Farbfotos,
358 Zeichnungen, Pappband. ●●●

Chic in Strick
Neue Pullover
Westen · Jacken · Kleider · Ensembles.
(4224) Hrsg. R. Weber, 192 S., 255 Farbabb.,
Pappband. ●●●

Das moderne Standardwerk von der Expertin
Perfekt Stricken
Mit Sonderteil Häkeln
(4250) Von H. Jaacks, 256 S., 703 Farbfotos,
169 Farb- und 121 s/w-Zeichnungen,
Pappband. ●●●●

Videokassette Stricken
(6007/VHS, 6008/Video 2000, 6009/Beta).
Von P. Krolikowski-Habicht, H. Jaacks,
51 Min., in Farbe. ●●●●*

Stricken
Schritt für Schritt für Rechts- und Linkshänder. (5142) Von S. Oelwein-Schefczik,
64 S., 148 Farbfotos, 173 Zeichnungen,
Pappband. ●●

**Die schönsten Handarbeiten zum
Verschenken**
(4225) Von B. Wenzelburger, 128 S.,
156 Farbfotos, 70 2-farbige Zeichnungen,
Pappband. ●●●●

Kuscheltiere stricken und häkeln
Arbeitsanleitungen und Modelle. (0734) Von
B. Wehrle, 32 S., 60 Farbfotos, 28 Zeichnun-
gen, Spiralbindung. ●

Hobby Patchwork und Quilten
(0768) Von B. Staub-Wachsmuth, 80 S.,
108 Farbabb., 43 Zeichnungen, kart. ●●

Hobby Spitzencollagen
Bezaubernde Motive aus edlem Material.
(0847) Von H. Westphal, 80 S., 186 Farbfotos, kart. ●●

Textiles Gestalten
Weben, Knüpfen, Batiken, Sticken, Objekte
und Strukturen. (5123) Von J. Fricke, 136 S.,
67 Farb- und 189 s/w-Fotos, 15 Zeichnungen,
kart. ●●

Gestalten mit Glasperlen
fädeln · sticken · weben (0640) Von A. Köhler,
32 S., 55 Farbfotos, Spiralbindung. ●

Schmuck, Accessoires und Dekoratives
aus Fimo modelliert
(0873) Von A. Aurich, 32 S., 54 Farbfotos,
Pappband. ●

Phantasievolles Schminken
Verzauberte Gesichter für Maskeraden, Laien-
spiel und Kinderfeste. (0907) Hrsg. von Y. u.
H. Nadolny, 64 S., 227 Farbfotos, kart. ●●

Neue zauberhafte Salzteig-Ideen
(0719) Von I. Kiskalt, 80 S., 324 Farbfotos,
12 Zeichnungen, kart. ●●

Hobby Salzteig
(0662) Von I. Kiskalt, 80 S., 150 Farbfotos,
5 Zeichnungen, Schablonen, kart. ●●

Gestalten mit Salzteig
formen · bemalen · lackieren. (0613) Von
W.-U. Cropp, 32 S., 56 Farbfotos, 17 Zeichnungen, Pappband. ●

Originell und dekorativ
Salzteig mit Naturmaterialien
(0833) Von A. und H. Wegener, 80 S.,
166 Farbfotos, kart. ●●

Buntbemalte Kunstwerke aus Salzteig
Figuren, Landschaften und Wandbilder.
(5141) Von G. Belli, 64 S., 165 Farbfotos,
1 Zeichnung, Pappband. ●●

Kreatives Gestalten mit Salzteig
Originelle Motive für Fortgeschrittene.
(0769) Hrsg. I. Kiskalt, 80 S., 168 Farbfotos,
kart. ●●

Videokassette Salzteig
(6010/VHS, 6011/Video 2000, 6012/Beta)
Von I. Kiskalt, Dr. A. Teuchert, in Farbe,
ca. 35 Min. ●●●●●*

Tiffany-Spiegel selbermachen
Materialien · Arbeitsanleitung · Vorlagen.
(0761) Von R. Thomas, 32 S., 53 Farbfotos,
Pappband. ●

Tiffany-Schmuck selbermachen
Materialien · Arbeitsanleitungen · Modelle.
(0871) Von B. Poludniak, H. W. Scheib, 32 S.,
54 Farbfotos, 3 Zeichnungen, Pappband. ●

Tiffany-Lampen selbermachen
Arbeitsanleitung · Materialien · Modelle.
(0684) Von I. Spliethoff, 32 S., 60 Farbfotos,
Pappband. ●

Hobby Glaskunst in Tiffany-Technik
(0781) Von N. Köppel, 80 S., 194 Farbfotos,
6 s/w-Abb., kart., ●●

Origami –
Die Kunst des Papierfaltens. (0280) Von R.
Harbin, 160 S., 633 Zeichnungen, kart. ●

Hobby Origami
Papierfalten für groß und klein.
(0756) Von Z. Aytüre-Scheele, 88 S., über
800 Farbfotos, kart. ●●

Neue zauberhafte Origami-Ideen
Papierfalten für groß und klein.
(0805) Von Z. Aytüre-Scheele, 80 S.,
720 Farbfotos, kart. ●●

Weihnachtsbasteleien
(0667) Von M. Kühnle und S. Beck, 32 S.,
56 Farbfotos, 6 Zeichnungen, Pappband. ●

Bastelspaß mit der Laubsäge
Mit Schnittmusterbogen für viele Modelle in
Originalgröße. (0741) Von L. Giesche,
M. Bausch, 32 S., 61 Farbfotos, 7 Zeichnun-
gen, Schnittmusterbogen, Pappband. ●

Hobby Drachen
bauen und steigen lassen.
(0767) Von W. Schimmelpfennig, 80 S.,
1 dreiseitige Ausklapptafel, 55 Farbfotos,
139 Zeichnungen, kart. ●●

Falken-Heimwerker-Praxis
Tapezieren
(0743) Von W. Nitschke, 112 S., 186 Farbfotos, 9 Zeichnungen, kart. ●●

Falken-Heimwerker-Praxis
Anstreichen und Lackieren
(0771) Von P. Müller, 120 S., 186 Farbfotos,
2 s/w Fotos, 3 Zeichnungen, kart. ●●

Falken-Heimwerker-Praxis
Fahrrad-Reparaturen
(0796) Von R. van der Plas, 112 S., 140 Farbfotos, 113 farbige Zeichnungen, kart. ●●

Falken-Heimwerker-Praxis
Kleinmöbel aus Holz
(0905) Von O. Maier, 128 S., 210 Farbfotos,
80 Zeichnungen, kart. ●●

Falken-Handbuch
Heimwerken
Reparieren und Selbermachen in Haus und
Wohnung – über 1100 Abbildungen. Praktische
Tips vom Profi: Selbermachen, Reparieren,
Renovieren, Kostensparen. (4117) Von Th.
Pochert, 440 S., 1103 Farbfotos. 100 ein- und
zweifarbig Abb., Pappband. ●●●●

Feuerstelle für behagliche Wohnkultur
Kachelöfen, Kamine und Kaminöfen
(4288) Hrsg. von C. Berninghaus. Von R.
Heinen, G. Kosicek, H. P. Sabborrosch, 168 S.,
291 Farbfotos, 2 s/w-Fotos, 8 Zeichnungen,
Pappband. ●●●●

Restaurieren von Möbeln
Stilkunde, Materialien, Techniken, Arbeitsanleitungen in Bildfolgen.
(4120) Von E. Schnaus-Lorey, 152 S.,
37 Farbfotos, 75 s/w Fotos, 352 Zeichnungen, Pappband. ●●●●

Möbel aufarbeiten, reparieren und pflegen
(0386) Von E. Schnaus-Lorey, 96 S.,
28 Fotos, 101 Zeichnungen, kart., ●

Vogelhäuschen, Nistkästen, Vogeltränken
mit Plänen und Anleitungen zum Selbstbau.
(0695) Von J. Zech, 32 S., 42 Farbfotos,
5 Zeichnungen, Pappband. ●

Strohschmuck selbstgebastelt
Sterne, Figuren und andere Dekorationen
(0740) Von E. Rombach, 32 S., 60 Farbfotos,
17 Zeichnungen, Pappband. ●

Das Herbarium
Pflanzen sammeln, bestimmen und pressen.
(5113) Von I. Gabriel, 96 S., 140 Farbfotos,
Pappband. ●●

Gestalten mit Naturmaterialien
Zweige, Kerne, Federn, Muscheln und anderes. (5128) Von I. Krohn, 64 S., 101 Farbfotos,
11 farbige Zeichnungen, Pappband. ●●

Blütenbilder aus Blumen und Blätter
Phantasievolle Naturcollagen.
(0872) Von G. Schamp, 32 S., 57 Farbfotos,
1 Zeichnung, Pappband. ●

Dauergestecke
mit Zweigen, Trocken- und Schnittblumen.
(5121) Von G. Vocke, 64 S., 57 Farbfotos,
Pappband. ●●

Ikebana
Einführung in die japanische Kunst des Blu-
mensteckens. (0548) Von G. Vocke, 152 S.,
47 Farbfotos, kart. ●●

Blumengestecke im Ikebanastil
(5041) Von G. Vocke, 64 S., 37 Farbfotos,
viele Zeichnungen, Pappband. ●●

Hobby Trockenblumen
Gewürzsträuße, Gestecke, Kränze, Buketts.
(0643) Von R. Strobel-Schulze, 88 S.,
170 Farbfotos, kart. ●●

Hobby Gewürzsträuße
und zauberhafte Gebinde nach Salzburger
Art. (0726) Von A. Ott, 80 S., 101 Farbfotos,
51 farbige Zeichnungen, kart. ●●

Trockenblumen und Gewürzsträuße
(5084) Von G. Vocke, 64 S., 63 Farbfotos,
Pappband. ●●

Arbeiten mit Ton
Töpfern mit und ohne Scheibe.
(5048) Von J. Fricke, 128 S., 15 Farbtafeln,
166 s/w-Fotos, kart. ●●

Töpfern
als Kunst und Hobby. (4073) Von J. Fricke,
132 S., 37 Farbfotos, 222 s/w-Fotos,
Pappband. ●●●●

Die hier vorgestellten Bücher, Videokassetten und Software sind in folgende Preisgruppen unterteilt:

● Preisgruppe bis DM 10,–/S 79,–
●● Preisgruppe über DM 10,– bis DM 20,–
    S 80,– bis S 160,–

●●● Preisgruppe über DM 20,– bis DM 30,–
    S 161,– bis S 240,–

●●●● Preisgruppe über DM 30,– bis DM 50,–
    S 241,– bis S 400,–
●●●●● Preisgruppe über DM 50,–/S 401,–
*(unverbindliche Preisempfehlung)

FALKEN VERLAG

Die Preise entsprechen dem Status beim Druck dieses

Schöne Sachen modellieren
Originelles aus Cernit – ideenreich gestaltet. (0762) Von G. Thelen, 32 S., 105 Farbfotos, Pappband. ●

Porzellanpuppen
Zauberhafte alte Puppen selbst nachbilden. (5138) Von C. A. und D. Stanton, 64 S., 58 Farbfotos, 22 Zeichnungen, kart. ●●

Zauberhafte alte Puppen
Sammeln · Restaurieren · Nachbilden (4255) Von C. A. Stanton, J. Jacobs, 120 S., 157 Farbfotos, 24 Zeichnungen, Pappband. ●●●●

Stoffpuppen
Liebenswerte Modelle selbermachen. (5150) Von I. Wolff, 56 S., 115 Farbfotos, 15 Zeichnungen, mit Schnittmusterbogen, Pappband. ●●

Hobby Puppen
Bezaubernde Modelle selbst gestalten. (0742) Von B. Wenzelburger, 88 S., 163 Farbfotos, 41 Zeichnungen, Pappband. ●

Puppen und Figuren aus Kunstporzellan
gießen, bemalen und gestalten. (0735) Von G. Baumgarten, 32 S., 86 Farbfotos, Pappband. ●

Selbstgestrickte Puppen
Materialien und Arbeitsanleitungen. (0638) Von B. Wehrle, 32 S., 23 Farbfotos, 24 Zeichnungen, Pappband. ●

Dekorative Rupfenpuppen
Arbeitsanleitungen und Gestaltungsvorschläge. (0733) Von B. Wenzelburger, 32 S., 57 Farbfotos, 14 Zeichnungen, Spiralbindung.

Phantasiepuppen stricken und häkeln
Märchenhafte Modelle mit Arbeitsanleitungen. (0813) Von B. Wehrle, 32 S., 26 Farbfotos, 30 einfarbige und 16 dreifarbige Zeichnungen, Pappband. ●

Heißgeliebte Teddybären
Selbermachen · Sammeln · Restaurieren. (0900) Von H. Nadolny, Y. Thalheim, 80 S., 119 Farbfotos, 23 s/w-Zeichnungen, 14 S. Schnittmusterbogen, kart. ●

Schritt für Schritt zum Scherenschnitt
Materialien · Techniken · Gestaltungsvorschläge. (0732) Von H. Klingmüller, 32 S., 38 Farbfotos, 34 Vorlagen, Pappband. ●

Garagentore selbst bemalt
Techniken und Motive. (0786) Von H. u. Y. Nadolny, 32 S., 24 Farbfotos, 12 s/w-Zeichnungen, Pappband. ●

Alle Jahre wieder…
Advent und Weihnachten
Basteln – Backen – Schmücken – Singen – Vorlesen – Feiern
(4260) Von H. und Y. Nadolny, 256 S., 105 Farbfotos, 130 Zeichnungen, Pappband. ●●●

Freizeit

Aktfotografie
Interpretationen zu einem unerschöpflichen Thema.
Gestaltung · Technik · Spezialeffekte. (0737) Von H. Wedewardt, 88 S., 144 Farb- und 6 s/w-Fotos, 6 Zeichnungen, kart. ●●

Videokassette Aktfotografie
Laufzeit ca. 60 Min. In Farbe. (6001/VHS, 6002/Video 2000, 6003/Beta) ●●●●●*

So macht man bessere Fotos
Das meistverkaufte Fotobuch der Welt. (0614) Von M. L. Taylor, 192 S., 457 Farbfotos, 15 Abb., kart. ●●

Falken-Handbuch **Trickfilmen**
Flach-, Sach- und Zeichentrickfilme – von der Idee zur Ausführung. (4131) Von H.-D. Wilden, 144 S., über 430 überwiegend farbige Abb., Pappband. ●●●●

Schmalfilmen
Ausrüstung · Aufnahmepraxis · Schnitt · Ton. (0342) Von U. Ney, 108 S., 4 Farbtafeln, 25 s/w-Fotos, kart. ●

Schmalfilme selbst vertonen
(0593) Von U. Ney, 96 S., 57 s/w-Fotos, 14 Zeichnungen, kart. ●

Fotografie – Das Schöne als Ziel
Zur Ästhetik und Psychologie der visuellen Wahrnehmung. (4122) Von E. Stark, 208 S., 252 Farbfotos, 63 Zeichnungen, Ganzleinen. ●●●●●

Videografieren
Filmen mit Video 8
Technik – Bildgestaltung – Schnitt – Vertonung. (0843) Von M. Wild und K. Möller, 120 S., 101 Farbfotos, 22 s/w-Fotos, 52 Zeichnungen, kart. ●●

Videokassette
Videografieren
Filmen mit Video 8
Technik – Bildgestaltung – Schnitt – Vertonung. (6031) VHS, (6033) Beta, (6034) Sony 8 mm, von M. Wild, 60 Min., in Farbe. ●●●●●*

Ferngelenkte Motorflugmodelle
bauen und fliegen. (0400) Von W. Thies, 184 S., mit Zeichnungen und Detailplänen, kart. ●●

Flugmodelle
bauen und einfliegen. (0361) Von W. Thies und W. Rolf, 160 S., 63 Abb., 7 Faltpläne, kart. ●●

Kleine Welt auf Rädern
Das faszinierende Spiel mit **Modelleisenbahnen** (4175) Von F. Eisen, 256 S., 72 Farb- und 180 s/w-Fotos, 25 Zeichnungen, Pappband. ●●●

Modelleisenbahnen im Freien
Mit Volldampf durch den Garten. (4245) Von F. Eisen, 96 S., 115 Farb-, 4 s/w-Fotos, 5 Zeichnungen, Pappband. ●●●

Videokassette
Die Modelleisenbahn
Anlagenbau in Modultechnik.
Neue kreative Gestaltung.
Neue raffinierte Techniken.
(6028) VHS, (6029) Video 2000, (6030) Beta, von J. Grahn, 30 Min., in Farbe, ●●●●*

Die Super-Eisenbahnen der Welt
(4287) Von W. Kosak, H. G. Isenberg, 224 S., 269 Farbfotos, 79 s/w-Fotos, 8 Vignetten, 5 farb. Ausklapptafeln, Pappband. ●●●●

Raketen auf Rädern
Autos und Motorräder an der Schallgrenze (4220) Von H. G. Isenberg, 96 S., 112 Farbfotos, 21 s/w-Fotos, Pappband. ●●●

Die rasantesten Rallyes der Welt
(4213) Von H. G. Isenberg und D. Maxeiner, 96 S., 116 Farbfotos, Pappband. ●●●

Trucks
Giganten der Landstraßen in aller Welt. (4222) Von H. G. Isenberg, 96 S., 131 Farbfotos, Pappband. ●●●

Die Super-Trucks der Welt
(4257) Von H. G. Isenberg, 194 S., 205 Farbfotos, 87 s/w-Fotos, 7 Farbzeichnungen, 4 Ausklapptafeln, Pappband. ●●●●

Ferngelenkte Elektroflugmodelle
bauen und fliegen. (0700) Von W. Thies, 144 S., 52 s/w-Fotos, 50 Zeichnungen, kart. ●●

Schiffsmodelle
selber bauen. (0500) Von D. und R. Lochner, 200 S., 93 Zeichnungen, 2 Faltpläne, kart. ●●

Dampflokomotiven
(4204) Von W. Jopp, 96 S., 134 Farbfotos, Pappband. ●●●

Ferngelenkte Segelflugmodelle
bauen und fliegen. (0446) Von W. Thies, 176 S., 22 s/w-Fotos, 115 Zeichnungen, kart. ●●

Motorrad-Hits
Chopper, Tribikes, Heiße Öfen. (4221) Von H. G. Isenberg, 96 S., 119 Farbfotos, Pappband. ●●●

Die Super-Motorräder der Welt
(4193) Von H. G. Isenberg, 192 S., 170 Farb- und 100 s/w-Fotos, 8 Zeichnungen, Pappband. ●●●●

Motorrad-Faszination
Heiße Öfen, von denen jeder träumt. (4223) Von H. G. Isenberg, 96 S., 103 Farb- und 20 s/w-Fotos, Pappband. ●●●

Münzen
Ein Brevier für Sammler. (0353) Von E. Dehnke, 128 S., 4 Farbtafeln, 17 s/w-Abb., kart. ●●

Astronomie als Hobby
Sternbilder und Planeten erkennen und benennen. (0597) Von D. Block, 176 S., 16 Farbtafeln, 49 s/w-Fotos, 93 Zeichnungen, kart. ●●

Astronomie im Bild
Unser Sternenhimmel rund ums Jahr
(0849) Von Dr. E. Übelacker, 88 S., 48 Farbfotos, 1 s/w-Foto, 68 Farbzeichnungen, kart. ●●

Gitarre spielen
Ein Grundkurs für den Selbstunterricht. (0534) Von A. Roßmann, 96 S., 1 Schallfolie, 150 Zeichnungen, kart. ●●●

Falken-Handbuch **Zaubern**
Über 400 verblüffende Tricks. (4063) Von F. Stutz, 368 S., 1200 Zeichnungen, Pappband. ●●●●

Zaubertricks für jedermann
(0282) Von J. Merlin, 176 S., 113 Abb., kart. ●

Zaubern
einfach – aber verblüffend. (2018) Von D. Buoch, 84 S., 41 Zeichnungen, kart. ●

Magische Zaubereien
(0672) Von W. Widenmann, 64 S., 31 Zeichnungen, kart. ●

FALKEN VERLAG

Mit vollem Genuß
Pfeife rauchen
Alles über Tabaksorten, Pfeifen und Zubehör.
(4227) Von H. Behrens, H. Frickert, 168 S.,
127 Farbfotos, 18 Zeichnungen, Pappband.
●●●●

Mineralien, Steine und Fossilien
Grundkenntnisse für Hobby-Sammler. (0437)
Von D. Stobbe, 96 S., 16 Farbtafeln, 14 s/w-
Zeichnungen, 10 Zeichnungen, kart. ●

Freizeit mit dem Mikroskop
(0291) Von M. Deckart, 132 S., 8 Farbtafeln,
64 s/w Abb., 2 Zeichnungen, kart. ●

Die Faszination der Philatelie
Briefmarken sammeln
(4273) Von D. Stein, 212 S., 124 s/w-Fotos,
24 Farbtafeln, Pappband. ●●●

Briefmarken
sammeln für Anfänger. (0481) Von D. Stein,
120 S., 4 Farbtafeln, 98 s/w-Abb., kart. ●

Wir lernen tanzen
Standard- und lateinamerikanische Tänze.
(0200) Von E. Fern, 168 S., 118 s/w-Fotos,
47 Zeichnungen, kart. ●

Fit mit Tanzen
(2303) Von K. Richter, H. Kleinow, 88 S.,
94 Farbfotos, kart. ●●

So tanzt man Rock'n'Roll
Grundschritte · Figuren · Akrobatik.
(0573) Von W. Steuer und G. Marz, 224 S.,
303 Abb., kart. ●●

Tanzen überall
Discofox, Rock'n'Roll, Blues, Langsamer
Walzer, Cha-Cha-Cha zum Selberlernen.
(0760) Von H. M. Pritzer, 112 S., 128 Farbfotos, kart. ●●

Videokassette **Tanzen überall**
Discofox, Rock'n'Roll, Blues. (6004/VHS,
6005/Video 2000, 6006/Beta) Von
H. M. Pritzer, G. Steinheimer, in Farbe,
ca. 45 Min. ●●●●●*

Anmutig und fit durch
Bauchtanz
(0911) Von Marta, 120 S., 229 Farbfotos,
6 s/w-Zeichnungen, kart. ●●

Schwarzwald-Romantik
Vom Zauber einer deutschen Landschaft.
(4232) Hrsg. A. Rolf, 184 S., 273 Farbfotos,
Pappband. ●●●

Sport

ZDF Sportjahr '87
Rekorde, Siege, Schicksale, Ergebnisse,
Termine '88
(4290) Hrsg. von B. Heller, 192 S., 278 Farb-
und 4 s/w-Fotos, kart. ●●

Judo
Grundlagen des Stand- und Bodenkampfes.
(4013) Von W. Hofmann, 244 S., 589 Fotos,
Pappband. ●●●

Neue Lehrmethoden der Judo-Praxis
(0424) Von P. Herrmann, 223 S., 475 Abb.,
kart. ●●

Judo
Grundlagen – Methodik. (0305) Von M. Ohgo,
208 S., 1025 Fotos, kart. ●●

Fußwürfe
für Judo, Karate und Selbstverteidigung.
(0439) Von H. Nishioka, 96 S., 260 Abb.,
kart. ●

Modernes Karate
Das große Standardwerk mit 2229 Abbildungen. (4280) Von T. Okazaki, Dr. med. M. V.
Stricevic, übers. von M. Pabst, 376 S.,
2279 Abbildungen, Pappband. ●●●●●

Karate für alle
Karate-Selbstverteidigung in Bildern. (0314)
Von A. Pflüger, 112 S., 356 s/w-Fotos, kart. ●

Karate für Frauen und Mädchen
Sport und Selbstverteidigung. (0425) Von A.
Pflüger, 168 S., 259 s/w-Fotos, kart. ●●

Nakayamas Karate perfekt 1
Einführung. (0487) Von M. Nakayama,
136 S., 605 s/w-Fotos, kart. ●●

Nakayamas Karate perfekt 2
Grundtechniken. (0512) Von M. Nakayama,
136 S., 354 s/w-Fotos, 53 Zeichnungen, kart.
●●

Nakayamas Karate perfekt 3
Kumite 1: Kampfübungen. (0538) Von
M. Nakayama, 128 S., 424 s/w-Fotos, kart.
●●

Nakayamas Karate perfekt 4
Kumite 2: Kampfübungen. (0547) Von
M. Nakayama, 128 S., 394 s/w-Fotos, kart.
●●

Nakayamas Karate perfekt 5
Kata 1: Heian, Tekki. (0571) Von
M. Nakayama, 144 S., 1229 s/w-Fotos, kart.
●●

Nakayamas Karate perfekt 6
Kata 2: Bassai-Dai, Kanku-Dai, (0600) Von
M. Nakayama, 144 S., 1300 s/w-Fotos,
107 Zeichnungen, kart. ●●

Nakayamas Karate perfekt 7
Kata 3: Jitte, Hangetsu, Empi. (0618) Von
M. Nakayama, 144 S., 1988 s/w-Fotos,
105 Zeichnungen, kart. ●●

Nakayamas Karate perfekt 8
Gankaku, Jion. (0650) Von M. Nakayama,
144 S., 1174 s/w-Fotos, 99 Zeichnungen, kart.
●●

Kontakt-Karate
Ausrüstung · Technik · Training. (0396) Von A.
Pflüger, 112 S., 238 s/w-Fotos, kart. ●●

Karate-Do
Das Handbuch des modernen Karate. (4028)
Von A. Pflüger, 360 S., 1159 Abb., Pappband.
●●●●

Bo-Karate
Kukishin-Ryu – die Techniken des Stock-
kampfes. ((0447) Von G. Stiebler, 176 S.,
424 s/w-Fotos, 38 Zeichnungen, kart. ●●

Karate I
Einführung · Grundtechniken. (0227) Von A.
Pflüger, 148 S., 195 s/w-Fotos, 120 Zeichnun-
gen, kart. ●

Karate II
Kombinationstechniken · Katas. (0239) Von
A. Pflüger, 176 S., 452 s/w-Fotos und Zeich-
nungen, kart. ●

Karate Kata 1
Heian 1-5, Tekki 1, Bassai Dai. (0683) Von
W.-D. Wichmann, 164 S., 703 s/w-Fotos,
kart. ●●

Karate Kata 2
Jion, Empi, Kanku-Dai, Hangetsu.
(0723) Von W.-D. Wichmann, 140 S.,
661 s/ w-Fotos, 4 Zeichnungen, kart. ●●

25 Shotokan-Katas
Auf einen Blick: Karate-Katas für Prüfungen
und Wettkämpfe. (0859) Von A. Pflüger,
88 S., 185 s/w-Abbildungen, 26 ganzseitige
Tafeln mit über 1.600 Einzelschritten, kart. ●

Videokassette **Karate**
Einführung und Grundtechniken.
(6037/VHS) Von A. Pflüger, ca. 45 Min.,
in Farbe, ●●●●●*

Ninja 1
Die Lehre der Schattenkämpfer. (0758) Von
S. K. Hayes, 144 S., 137 s/w-Fotos, kart. ●●

Ninja 2
Die Wege zum Shoshin (0763) Von
S. K. Hayes, 160 S., 309 s/w-Fotos, kart. ●●

Ninja 3
Der Pfad des Togakure-Kämpfers. (0764) Von
S. K. Hayes, 144 S., 197 s/w-Fotos, 2 Zeich-
nungen, kart. ●●

Ninja 4
Das Vermächtnis der Schattenkämpfer.
(0807) Von S. K. Hayes, 196 S., 466 s/w-
Fotos, kart. ●●

Der König des Kung-Fu
Bruce Lee
Sein Leben und Kampf. (0392) Von seiner
Frau Linda. 136 S., 314 s/w-Fotos, kart. ●●

Bruce Lees Kampfstil 1
Grundtechniken. (0473) Von B. Lee und M.
Uyehara, 109 S., 220 Abb., kart. ●

Bruce Lees Kampfstil 2
Selbstverteidigungs-Techniken. (0486) Von B.
Lee und M. Uyehara, 128 S., 310 Abb., kart. ●

Bruce Lees Kampfstil 3
Trainingslehre. (0503) Von B. Lee und
M. Uyehara, 112 S., 246 Abb., kart. ●

Bruce Lees Kampfstil 4
Kampftechniken. (0523) Von B. Lee und
M. Uyehara, 104 S., 211 Abb., kart. ●

Bruce Lees Jeet Kune Do
(0440) Von B. Lee, 192 S., mit 105 eigenhän-
digen Zeichnungen von B. Lee, kart. ●●

Ju-Jutsu 1
Grundtechniken – Moderne Selbstverteidigung. (0276) Von W. Heim und F. J. Gresch,
164 S., 450 s/w-Fotos, 8 Zeichnungen, kart. ●

Ju-Jutsu 2
für Fortgeschrittene und Meister. (0378) Von
W. Heim und F. J. Gresch, 164 S., 798 s/w-
Fotos, kart. ●●

Ju-Jutsu 3
Spezial-, Gegen- und Weiterführungs-Techni-
ken. (0485) Von W. Heim und F. J. Gresch,
214 S., über 600 s/w-Fotos, kart. ●●

Ju-Jutsu als Wettkampf
(0826) Von G. Kulot, 168 S., 418 s/w-Fotos,
2 Zeichnungen, kart. ●●

Nunchaku
Waffe · Sport · Selbstverteidigung. (0373)
Von A. Pflüger, 144 S., 247 Abb., kart. ●●

Shuriken · Tonfa · Sai
Stockfechten und andere bewaffnete Kampf-
sportarten aus Fernost. (0397) Von A. Schulz,
96 S., 253 s/w-Fotos, kart. ●●

Illustriertes Handbuch des
Taekwondo
Koreanische Kampfkunst und Selbstverteidi-
gung. (4053) Von K. Gil, 248 S., 1026 Abb.,
Pappband. ●●●

Taekwon-Do
Koreanischer Kampfsport. (0347) Von K. Gil,
152 S., 408 Abb., kart. ●●

Die hier vorgestellten Bücher, Videokassetten und Software sind in folgende Preisgruppen unterteilt:

● Preisgruppe bis DM 10,–/S 79,–
●● Preisgruppe über DM 10,– bis DM 20,–
S 80,– bis S 160,–

●●● Preisgruppe über DM 20,– bis DM 30,–
S 161,– bis S 240,–

●●●● Preisgruppe über DM 30,– bis DM 50,–
S 241,– bis S 400,–
●●●●● Preisgruppe über DM 50,–/S 401,–
*(unverbindliche Preisempfehlung)

FALKEN VERLAG

Die Preise entsprechen dem Status beim Druck dieses

Taekwondo perfekt 1
Die Formenschule bis zum Blaugurt.
(0890) Von K. Gil, Kim Chul-Hwan, 176 S.,
439 s/w-Fotos, 107 Zeichnungen, kart. ●●

Aikido
Lehren und Techniken des harmonischen
Weges. (0537) Von R. Brand, 280 S.,
697 Abb., kart. ●●

Kung-Fu und Tai-Chi
Grundlagen und Bewegungsabläufe. (0367)
Von B. Tegner, 182 S., 370 s/w-Fotos, kart.
●●

Kung-Fu
Theorie und Praxis klassischer und moderner
Stile. (0376) Von M. Pabst, 160 S., 330 Abb.,
kart. ●●

Shaolin-Kempo – Kung-Fu
Chinesisches Karate im Drachenstil. (0395)
Von R. Czerni und K. Konrad. 246 S.,
723 Abb., kart. ●●

Hap Ki Do
Grundlagen und Techniken koreanischer
Selbstverteidigung. (0379) Von Kim Sou
Bong, 112 S., 153 Abb., kart. ●●

Dynamische Tritte
Grundlagen für den Zweikampf. (0438) Von
C. Lee, 96 S., 398 s/w-Fotos, 10 Zeichnun-
gen, kart. ●

Kickboxen
Fitneßtraining und Wettkampfsport.
(0795) Von G. Lemmens, 96 S., 208 s/w-
Fotos, 23 Zeichnungen, kart. ●●

Selbstverteidigung
Abwehrtechniken für Sie und Ihn
(0853) Von E. Deser, 96 S., 259 s/w-Fotos,
kart. ●

Muskeltraining mit Hanteln
Leistungssteigerung für Sport und Fitness.
(0676) Von H. Schulz, 108 S., 92 s/w-Fotos,
2 Zeichnungen, kart. ●

Leistungsfähiger durch Krafttraining
Eine Anleitung für Fitness-Sportler, Trainer
und Athleten (0617) Von W. Kieser, 100 S.,
20 s/w-Fotos, 62 Zeichnungen, kart. ●

Die Faszination athletischer Körper
Bodybuilding
mit Weltmeister Ralf Möller
(4281) Von R. Möller, 128 S., 169 Farbfotos,
14 s/w-Fotos, 1 Farbzeichnung, Pappband.
●●●●

Bodybuilding
Anleitung zum Muskel- und Konditionstrai-
ning für sie und ihn. (0604) Von R. Smolana.
160 S., 171 s/w-Fotos, kart. ●

Hanteltraining zu Hause
(0800) Von W. Kieser, 80 S., 71 s/w-Fotos,
4 Zeichnungen, kart. ●

Fit und gesund
Körpertraining und Bodybuilding zu Hause.
(0782) Von H. Schulz, 80 S., 100 Farbfotos,
3 Zeichnungen, kart. ●●

Videokassette **Fit und gesund**
VHS (6013), Video 2000 (6014), Beta (6015),
Laufzeit 30 Minuten, in Farbe. ●●●●*

Bodybuilding für Frauen
Wege zu Ihrer Idealfigur (0661) Von
H. Schulz, 108 S., 84 s/w-Fotos, 4 Zeichnun-
gen, kart. ●●

Isometrisches Training
Übungen für Muskelkraft und Entspannung.
(0529) Von L. M. Kirsch, 140 S., 162 s/w-
Fotos, kart. ●

Spaß am Laufen
Jogging für die Gesundheit. (0470) Von
W. Sonntag, 140 S., 41 s/w-Fotos, 1 Zeich-
nung, kart. ●

Mein bester Freund, der Fußball
(5107) Von D. Brüggemann und D. Albrecht,
144 S., 171 Abb., kart. ●●

Fußball
Training und Wettkampf. (0448) Von H.
Obermann und P. Walz, 166 S., 92 s/w-Fotos,
15 Zeichnungen, 29 Diagramme, kart. ●●

Handball
Technik · Taktik · Regeln. (0426) Von
F. und P. Hattig, 128 S., 91 s/w-Fotos,
121 Zeichnungen, kart. ●●

Fit mit Volleyball
(2302) Von Dr. A. Scherer, 104 S., 27 Farb-
und 1 s/w-Foto, 12 Farb- und 29 s/w-Zeich-
nungen, kart. ●●

Volleyball
Technik · Taktik · Regeln. (0351) Von H. Huhle,
104 S., 330 Abb., kart. ●

Hockey
Technische und taktische Grundlagen.
(0398) Von H. Wein, 152 S., 60 s/w-Fotos,
30 Zeichnungen, kart. ●

Eishockey
Lauf- und Stocktechnik, Körperspiel, Taktik,
Ausrüstung und Regeln. (0414) Von J. Čapla,
264 S., 548 s/w-Fotos, 163 Zeichnungen,
kart. ●●

Badminton
Technik · Taktik · Training.
(0699) Von K. Fuchs, L. Sologub, 168 S.,
51 Abb., kart., ●●

Golf
Ausrüstung · Technik · Regeln. (0343) Von J.
C. Jessop, übersetzt von H. Biemer, mit einem
Vorwort von H. Krings, Präsident des
Deutschen Golf-Verbandes, 160 S., 65 Abb.,
Anhang Golfregeln des DGV, kart. ●●

Pool-Billard
(0484) Herausgegeben vom Deutschen Pool-
Billard-Bund, von M. Bach und K.-W. Kühn,
88 S., mit über 80 Abb., kart. ●

Sportschießen
für jedermann. (0502) Von A. Kovacic, 124 S.,
116 s/w-Fotos, kart. ●●

Fechten
Florett · Degen · Säbel. (0449) Von E. Beck,
88 S., 185 Fotos, 10 Zeichnungen, kart. ●●

Fibel für Kegelfreunde
Sport- und Freizeitkegeln · Bowling. (0191)
Von G. Bocsai, 72 S., 62 Abb., kart. ●

Beliebte und neue Kegelspiele
(0271) Von G. Bocsai 92 S., 62 Abb., kart. ●

111 spannende Kegelspiele
(2031) Von H. Regulski, 88 S., 53 Zeichnungen, kart., ●

Ski-Gymnastik
Fit für Piste und Loipe. (0450) Von H. Pilss-
Samek, 104 S., 67 s/w-Fotos 20 Zeichnun-
gen, kart. ●

Die neue Skischule
Ausrüstung · Technik · Trickskilauf · Gymnastik. (0369) Von C. und R. Kerler, 128 S.,
100 Abb., kart. ●

Skilanglauf, Skiwandern
Ausrüstung · Techniken · Skigymnastik.
(5129) Von T. Reiter und R. Kerler, 80 S.,
8 Farbtafeln, 85 Zeichnungen und s/w-Fotos,
kart. ●●

Alpiner Skisport
Ausrüstung · Techniken · Skigymnastik.
(5130) Von K. Meßmann, 128 S., 8 Farbtafeln, 93 s/w- Fotos, 45 Zeichnungen,
kart. ●●

Die neue Tennis-Praxis
Der individuelle Weg zu erfolgreichem Spiel.
(4097) Von R. Schönborn, 240 S., 202 Farbzeichnungen, 31 s/w-Abb., Pappband. ●●●●

Erfolgreiche Tennis-Taktik
(4086) Von R. Ford Greene, übersetzt von
M. R. Fischer, 182 S., 87 Abb., kart. ●●

Moderne Tennistechnik
(4187) Von G. Lam, 192 S., 339 s/w-Fotos,
91 Zeichnungen, kart. ●●●

Tennis kompakt
Der erfolgreiche Weg zu Spiel, Satz und Sieg.
(5116) Von W. Taferner, 128 S., 82 s/w-Fotos,
67 Zeichnungen, kart. ●

Tennis
Technik · Taktik · Regeln. (0375) Von
H. Elschenbroich, 112 S., 81 Abb., kart. ●

Tischtennis-Technik
Der individuelle Weg zu erfolgreichem Spiel.
(0775) Von M. Perger, 144 S., 296 Abb. kart.
●●

Squash
Ausrüstung · Technik · Regeln. (0539) Von
D. von Horn und H.-D. Stünitz, 96 S.,
55 s/w-Fotos, 25 Zeichnungen, kart. ●

Sporttauchen
Theorie und Praxis des Gerätetauchens.
(0647) Von S. Müßig, 144 S., 8 Farbtafeln,
35 s/w-Fotos, 89 Zeichnungen, kart., ●●

Windsurfing
Lehrbuch für Grundschein und Praxis.
(5028) Von C. Schmidt, 64 S., 60 Farbfotos,
Pappband. ●●

Segeln
Der neue Grundschein – Vorstufe zum
A-Schein – Mit Prüfungsfragen. (5147) Von
C. Schmidt, 80 S., 8 Farbtafeln, 18 Farbfotos,
82 Zeichnungen, kart., ●●

Sportfischen
Fische – Geräte – Technik. (0324) Von
H. Oppel, 144 S., 49 s/w-Fotos, 8 Farbtafeln,
kart. ●

Falken-Handbuch
Angeln
in Binnengewässern und im Meer. (4090) Von
H. Oppel, 344 S., 24 Farbtafeln, 66 s/w-
Fotos, 151 Zeichnungen, gebunden. ●●●●

Angeln
Kleine Fibel für den Sportfischer. (0198) Von
E. Bondick, 96 S., 116 Abb., kart. ●

Einführung in das Schachspiel
(0104) Von W. Wollenschläger und K. Colditz,
92 S., 116 Diagramme, kart. ●

Schach mit dem Computer
(0747) Von D. Frickenschmidt, 140 S.,
112 Diagramme, 29 s/w-Fotos, 5 Zeichnungen, kart. ●●

Spielend Schach lernen
(2002) Von T. Schuster, 128 S., kart. ●

Kinder- und Jugendschach
Offizielles Lehrbuch des Deutschen Schach-
bundes zur Erringung der Bauern-, Turm- und
Königsdiplome. (0561) Von H. Kohlmeyer und
H. Pfleger, 144 S., 220 Zeichnungen u. Dia-
gramme, kart. ●●

FALKEN VERLAG

Neue Schacheröffnungen
(0478) Von T. Schuster, 108 S., 100 Diagramme, kart. ●

Schach für Fortgeschrittene
Taktik und Probleme des Schachspiels.
(0219) Von R. Teschner, 96 S., 85 Diagramme, kart. ●

Taktische Schachendspiele
(0752) Von J. Nunn, 200 S., 151 Diagramme, kart. ●●

Schach-WM '85 Karpow – Kasparow.
Mit ausführlichen Kommentaren zu allen Partien. (0785) Von H. Pfleger, O. Borik, M. Kipp-Thomas, 128 S., zahlreiche Abb. und Diagramme, kart. ●●

Die Schach-Revanche
Kasparow/Karpow 1986. (0831) Von O. Borik, H. Pfleger, M. Kipp-Thomas, 144 S., 19 s/w-Fotos, 72 Diagramme, kart. ●●

Schachstrategie
Ein Intensivkurs mit Übungen und ausführlichen Lösungen. (0584) Von A. Koblenz, dt. Bearb. von K. Colditz, 212 S., 240 Diagramme, kart. ●●

Falken-Handbuch Schach
(4051) Von T. Schuster, 360 S., über 340 Diagramme, gebunden. ●●●●

Die besten Partien deutscher Schachgroßmeister
(4121) Von H. Pfleger, 192 S., 29 s/w-Fotos, 89 Diagramme, kart. ●●●

Turnier der Schachgroßmeister '83
Karpow · Hort · Browne · Miles · Chandler · Garcia · Rogers · Kindermann.
(0718) Von H. Pfleger, E. Kurz, 176 S., 29 s/w-Fotos, 71 Diagramme, kart. ●●

Lehr-, Übungs- und Testbuch der Schachkombinationen
(0649) Von K. Colditz, 184 S., 227 Diagramme, kart. ●●

Offizielles Lehrbuch des Deutschen Schachbundes
Das systematische Schachtraining
Trainingsmethoden, Strategien und Kombinationen. (0857) Von Sergiu Samarian, 152 S., 159 Diagramme, 1 Zeichnung, kart. ●●

So denkt ein Schachmeister
Strategische und taktische Analysen.
(0915) Von H. Pfleger, G. Treppner, 120 S., 75 Diagramme, kart. ●●

FALKEN-SOFTWARE
Das komplette Schachprogramm
Spielen, Trainieren, Problemlösen mit dem Computer. (7006) Von J. Egger, Diskette für C 64, C 128 PC, mit Begleitheft. ●●●●●*

Zug um Zug
Schach für jedermann 1
Offizielles Lehrbuch des Deutschen Schachbundes zur Erringung des Bauerndiploms.
(0648) Von H. Pfleger und E. Kurz, 80 S., 24 s/w-Fotos, 8 Zeichnungen, 60 Diagramme, kart. ●

Zug um Zug
Schach für jedermann 2
Offizielles Lehrbuch des Deutschen Schachbundes zur Erringung des Turmdiploms.
(0659) Von H. Pfleger und E. Kurz, 132 S., 8 s/w-Fotos, 14 Zeichnungen, 78 Diagramme, kart. ●

Zug um Zug
Schach für jedermann 3
Offizielles Lehrbuch des Deutschen Schachbundes zur Erringung des Königdiploms.
(0728) Von H. Pfleger, G. Treppner, 128 S., 4 s/w-Fotos, 84 Diagramme, 10 Zeichnungen, kart. ●

Schachtraining mit den Großmeistern
(0670) Von H. Bouwmeester, 128 S., 90 Diagramme, kart. ●●

Schach als Kampf
Meine Spiele und mein Weg. (0729) Von G. Kasparow, 144 S., 95 Diagramme, 9 s/w-Fotos, kart. ●●

Helmut Pflegers
Schachkabinett
Amüsante Aufgaben – überraschende Lösungen. (0877) Von H. Pfleger, 160 S., 118 Diagramme, kart. ●●

Spiele, Denksport, Unterhaltung

Kartenspiele
(2001) Von C. D. Grupp, 144 S., kart. ●

Neues Buch der siebzehn und vier Kartenspiele
(0095) Von K. Lichtwitz, 96 S., kart. ●

Alles über Pokern
Regeln und Tricks. (2024) Von C. D. Grupp, 112 S., 29 Kartenbilder, kart. ●

Rommé und Canasta
in allen Variationen. (2025) Von C. D. Grupp, 124 S., 24 Zeichnungen, kart. ●

Schafkopf, Doppelkopf, Binokel, Cego, Gaigel, Jaß, Tarock und andere „Lokalspiele".
(2015) Von C. D. Grupp, 152 S., kart. ●●

Spielend Skat lernen
unter freundlicher Mitarbeit des Deutschen Skatverbandes. (2005) Von Th. Krüger, 156 S., 181 s/w-Fotos, 22 Zeichnungen, kart. ●

Das Skatspiel
Eine Fibel für Anfänger. (0206) Von K. Lehnhoff, überarb. von P.A. Höfges, 96 S., kart. ●

Black Jack
Regeln und Strategien des Kasinospiels.
(2032) Von K. Kelbratowski, 88 S., kart. ●

Falken-Handbuch Patiencen
Die 111 interessantesten Auslagen. (4151) Von U. v. Lyncker, 216 S., 108 Abbildungen, Pappband. ●●●

Patiencen
in Wort und Bild. (2003) Von I. Wolter, 136 S., kart. ●

Neue Patiencen
(2036) Von H. Sosna, 160 S., 43 Farbtafeln, kart. ●●

Falken-Handbuch Bridge
Von den Grundregeln zum Turnierspiel.
(4092) Von W. Voigt und K. Ritz, 276 S., 792 Zeichnungen, gebunden. ●●●●

Spielend Bridge lernen
(2012) Von J. Weiss, 108 S., 58 Zeichnungen, kart. ●

Spieltechnik im Bridge
(2004) Von V. Mollo und N. Gardener, deutsche Adaption von D. Schröder, 216 S., kart. ●

Besser Bridge spielen
Reiztechnik, Spielverlauf und Gegenspiel.
(2026) Von J. Weiss, 144 S., 60 Diagramme, kart. ●●

Herausforderung im Bridge
200 Aufgaben mit Lösungen. (2033) Von V. Mollo, 152 S., kart. ●●

Präzisions-Treff im Bridge
(2037) Von E. Jannersten, 152 S., kart. ●●

Kartentricks
(2010) Von T. A. Rosee, 80 S., 13 Zeichnungen, kart. ●

Mah-Jongg
Das chinesische Glücks-, Kombinations- und Gesellschaftsspiel. (2030) Von U. Eschenbach, 80 S., 30 s/w-Fotos, 5 Zeichnungen, kart. ●

Neue Kartentricks
(2027) Von K. Pankow, 104 S., 20 Abb., kart. ●

Backgammon
für Anfänger und Könner. (2008) Von G. W. Fink und G. Fuchs, 116 S., 41 Abb., kart. ●

Würfelspiele
für jung und alt. (2007) Von F. Pruss, 112 S., 21 s/w-Zeichnungen, kart. ●

Gesellschaftsspiele
für drinnen und draußen. (2006) Von H. Görz, 128 S., kart. ●

Spiele für Party und Familie
(2014) Von Rudi Carrell, 160 S., 50 Abb., kart. ●

Das japanische Brettspiel Go
(2020) Von W. Dörholt, 104 S., 182 Diagramme, kart. ●

Roulette richtig gespielt
Systemspiele, die Vermögen brachten.
(0121) Von M. Jung, 96 S., zahlreiche Tabellen, kart. ●

Spielend Roulette lernen
(2034) Von E. P. Caspar, 152 S., 1 s/w-Foto, 43 Zeichnungen, kart. ●●

Denksport und Schnickschnack
für Tüftler und fixe Köpfe. (0362) Von J. Barto, 100 S., 45 Abb., kart. ●

Rätselspiele, Quiz- und Scherzfragen
für gesellige Stunden. (0577) Von K.-H. Schneider, 168 S., über 100 Zeichnungen, Pappband. ●●

Knobeleien und Denksport
(2019) Von K. Rechberger, 142 S., 105 Zeichnungen, kart. ●

Das Geheimnis der magischen Ringe
Alles über das Puzzle vom Würfel-Erfinder. Die schönsten Figuren.
(0878) Von Dr. Ch. Bandelow, 96 S., 198 Zeichnungen, 8 Cartoons, kart. ●

Quiz
Mehr als 1500 ernste und heitere Fragen aus allen Gebieten. (0129) Von R. Sautter und W. Pröve, 92 S., 9 Zeichnungen, kart. ●

500 Rätsel selberraten
(0681) Von E. Krüger, 272 S., kart. ●

501 Rätsel selberraten
(0711) Von E. Krüger, 272 S., kart. ●

Riesen-Kreuzwort-Rätsel-Lexikon
über 250.000 Begriffe. (4197) Von H. Schiefelbein, 1024 S., Pappband. ●●●

Das Super-Kreuzwort-Rätsel-Lexikon
Über 150.000 Begriffe. (4279) Von H. Schiefelbein, 688 S., Pappband. ●●

Das große farbige Kinderlexikon
(4195) Von U. Kopp, 320 S., 493 Farbabb., 17 s/w-Fotos, Pappband. ●●●

Die hier vorgestellten Bücher, Videokassetten und Software sind in folgende Preisgruppen unterteilt:

●   Preisgruppe bis DM 10,–/S 79,–
●●   Preisgruppe über DM 10,– bis DM 20,–
     S 80,– bis S 160,–

●●● Preisgruppe über DM 20,– bis DM 30,–
        S 161,– bis S 240,–

●●●● Preisgruppe über DM 30,– bis DM 50,–
         S 241,– bis S 400,–
●●●●● Preisgruppe über DM 50,–/S 401,–
*(unverbindliche Preisempfehlung)

Die Preise entsprechen dem Status beim Druck dieses

Das große farbige
Bastelbuch für Kinder
(4254) Von U. Barff, I. Burkhardt, J. Maier,
224 S., 157 Farbfotos, 430 Farb- und
69 s/w-Zeichnungen, Pappband. ●●●

Punkt, Punkt, Komma, Strich
Zeichenstunden für Kinder. (0564) Von
H. Witzig, 144 S., über 250 Zeichnungen,
kart. ●

Einmal grad und einmal krumm
Zeichenstunden für Kinder. (0599) Von
H. Witzig, 144 S., 363 Abb., kart. ●

Kinderspiele
die Spaß machen. (2009) Von H. Müller-
Stein, 112 S., 28 Abb., kart. ●

Spiele für Kleinkinder
(2011) Von D. Kellermann, 80 S., 23 Abb.,
kart. ●

Spiel und Spaß am Krankenbett
für Kinder und die ganze Familie. (2035) Von
H. Bücken, 104 S., 97 Zeichnungen, kart. ●

Kasperletheater
Spieltexte und Spielanleitungen · Basteltips
für Theater und Puppen. (0641) Von U. Lietz,
136 S., 4 Farbtafeln, 12 s/w-Fotos, 39 Zeichnungen, kart. ●

Tri-tra-trullalla
Neue Texte mit Spielanleitungen fürs
Kasperletheater. (0681) Von U. Lietz, 96 S.,
18 s/w-Zeichnungen, kart. ●

Kindergeburtstag
Vorbereitung, Spiel und Spaß. (0287) Von Dr.
I. Obrig, 104 S., 40 Abb., 11 Zeichnungen,
9 Lieder mit Noten, kart. ●

Kindergeburtstage die keiner vergißt
Planung, Gestaltung, Spielvorschläge.
(0698) Von G. und G. Zimmermann, 102 S.,
80 Vignetten, kart. ●

Kinderfeste
daheim und in Gruppen. (4033) Von
G. Blechner, 240 S., 320 Abb., kart. ●

Scherzfragen, Drudel und Blödeleien
gesammelt von Kindern. (0506) Hrsg. von W.
Pröve, 112 S., 57 Zeichnungen, kart. ●

Komm mit ins Land der Lieder
Das große Buch der Kinder-, Volks- und Chor-
lieder. (4261) Hrsg. von H. Rauhe, 176 S.,
146 Farbzeichnungen, Pappband. ●●●

Die schönsten Wander- und Fahrtenlieder
(0462) Hrsg. von F. R. Miller, empfohlen vom
Deutschen Sängerbund, 80 S., mit Noten und
Zeichnungen, kart. ●

Die schönsten Volkslieder
(0432) Hrsg. von D. Walther, 128 S.,
mit Noten und Zeichnungen, kart. ●

Neue Spiele für Ihre Party
(2022) Von G. Blechner, 120 S., 54 Zeichnungen, kart. ●

Lustige Tanzspiele und Scherztänze
für Parties und Feste. (0165) Von E. Bäulke,
80 S., 53 Abb., kart. ●

Straßenfeste, Flohmärkte und Basare
Praktische Tips zur Organisation und Durch-
führung. (0592) Von H. Schuster, 96 S.,
52 Fotos, 17 Zeichnungen, kart. ●●

Humor

Heitere Vorträge und witzige Reden
Lachen, Witz und gute Laune. (0149) Von
E. Müller, 104 S., 44 Abb., kart. ●

Tolle Sketche
mit zündenden Pointen – zum Nachspielen.
(0656) Von E. Cohrs, 112 S., kart. ●

Vergnügliche Sketche
(0476) Von H. Pillau, 96 S., mit 7 Zeichnungen, kart. ●

Heitere Vorträge
(0528) Von E. Müller, 128 S., 14 Zeichnungen,
kart. ●

Die große Lachparade
Neue Texte für heitere Vorträge und Ansagen.
(0188) Von E. Müller, 80 S., kart. ●

So feiert man Feste fröhlicher
Heitere Vorträge und Gedichte.
(0098) Von Dr. Allos, 96 S., 15 Abb., kart. ●

Lustige Vorträge für fröhliche Feiern
(0284) Von K. Lehnhoff, 96 S., kart. ●

Vergnügliches Vortragsbuch
(0091) Von J. Plaut, 192 S., kart. ●

Locker vom Hocker
Witzige Sketche zum Nachspielen.
(4262) Von W. Giller, 144 S., 41 Zeichnungen,
Pappband. ●●

Fidele Sketche und heitere Vorträge
Humor zum Nachspielen. (0157) Von
H. Ehnle, 96 S., kart. ●

Vorhang auf!
Neue Sketche für jung und alt.
(0898) Von H. Pillau, 96 S., 22 Zeichnungen,
kart. ●

Sketche und spielbare Witze
für bunte Abende und andere Feste. (0445)
Von H. Friedrich, 120 S., 7 Zeichnungen, kart.
●

Sketsche
Kurzspiele zu amüsanter Unterhaltung.
(0247) Von M. Gering, 132 S., 16 Abb., kart. ●

Witzige Sketche zum Nachspielen
(0511) Von D. Hallervorden, 160 S., kart. ●●

Gereimte Vorträge
für Bühne und Bütt. (0567) Von G. Wagner,
96 S., kart. ●

Damen in der Bütt
Scherze, Büttenreden, Sketsche.
(0354) Von T. Müller, 136 S., kart. ●

Narren in der Bütt
Leckerbissen aus dem rheinischen Karneval.
(0216) Zusammengestellt von T. Lücker,
112 S., kart. ●

Rings um den Karneval
Karnevalsscherze und Büttenreden. (0130)
Von Dr. Allos, 144 S., 2 Zeichnungen, kart. ●

Helau und Alaaf 1
Närrisches aus der Bütt.
(0304) Von E. Müller, 112 S., 4 Zeichnungen,
kart. ●

Helau und Alaaf 2
Neue Büttenreden.
(0477) Von E. Luft, 104 S., kart. ●

Helau und Alaaf 3
Neue Reden für die Bütt. (0832) Von
H. Fauser, 144 S., 13 Zeichnungen, kart. ●

Wir feiern Karneval
Festgestaltung und Reden für die närrische
Zeit.
(0904) Von M. Zweigler, 120 S., 4 Zeichnungen, kart. ●

Humor und Stimmung
Ein heiteres Vortragsbuch. (0460) Von
G. Wagner, 112 S., kart. ●

Humor und gute Laune
Ein heiteres Vortragsbuch. (0635) Von
G. Wagner, 112 S., 5 Zeichnungen, kart. ●

Das große Buch der Witze
(0384) Von E. Holz, 320 S., 36 Zeichnungen,
Pappband. ●●

Da lacht das Publikum
Neue lustige Vorträge für viele Gelegenheiten.
(0716) Von H. Schmalenbach, 104 S., kart. ●

Witzig, witzig
(0507) Von E. Müller, 128 S., 16 Zeichnungen,
kart. ●

Die besten Witze und Cartoons des Jahres 1
(0454) Hrsg. von K. Hartmann, 288 S.,
125 Zeichnungen, geb. ●●

Die besten Witze und Cartoons des Jahres 2
(0488) Hrsg. von K. Hartmann, 288 S.,
148 Zeichnungen, geb. ●●

Die besten Witze und Cartoons des Jahres 4
(0579) Hrsg. von K. Hartmann, 288 S.,
140 Zeichnungen, Pappband. ●●

Die besten Witze und Cartoons des Jahres 5
(0642) Hrsg. von K. Hartmann, 288 S.,
88 Zeichnungen, Pappband. ●●

Das Superbuch der Witze
(4146) Von B. Bornheim, 504 S.,
54 Cartoons, Pappband. ●●

Witze
Lachen am laufenden Band (4241) Von
J. Burkert, D. Kroppach, 400 S., 41 Zeich-
nungen, Pappband. ●●

Heller Wahnwitz
(0887) Von D. Kroppach, 220 S.,
200 Vignetten, kart. ●

Spaßvögel
Über sexhundert komische Nummern.
(0888) Von E. Zeller, mit Limericks von
W. Müller, 220 S., 200 Vignetten, kart. ●

Total bescheuert
Kinder- und Schülerwitze.
(0889) Von G. Geßner und E. Zeller, 220 S.,
200 Vignetten, kart. ●

Die besten Beamtenwitze
(0574) Hrsg. von W. Pröve, 112 S., 59 Cartoons, kart. ●

Die besten Kalauer
(0705) Von K. Frank, 112 S., 12 Zeichnungen,
kart.,●

Robert Lembkes Witzauslese
(0325) Von Robert Lembke, 160 S., 10 Zeichnungen von E. Köhler, Pappband. ●●

Fred Metzlers Witze mit Pfiff
(0368) Von F. Metzler, 112 S., kart. ●

0 frivol ist mir am Abend
Pikante Witze von Fred Metzler. (0388) Von
F. Metzler, 128 S., mit Karikaturen, kart. ●

Herrenwitze
(0589) Von G. Wilhelm, 112 S., 31 Zeichnungen, kart. ●

Witze am laufenden Band
(0461) Von F. Asmussen, 118 S., kart. ●
Horror zum Totlachen
Gruselwitze
(0536) Von F. Lautenschläger, 96 S.,
44 Zeichnungen, kart. ●

Die besten Ostfriesenwitze
(0495) Hrsg. von O. Freese, 112 S., 17 Zeichnungen, kart. ●

Die hier vorgestellten Bücher, Videokassetten und Software sind in folgende Preisgruppen unterteilt:

● Preisgruppe bis DM 10,–/S 79,–
●● Preisgruppe über DM 10,– bis DM 20,–
S 80,– bis S 160,–

●●● Preisgruppe über DM 20,– bis DM 30,–
S 161,– bis S 240,–

●●●● Preisgruppe über DM 30,– bis DM 50,–
S 241,– bis S 400,–
●●●●● Preisgruppe über DM 50,–/S 401,–
*(unverbindliche Preisempfehlung)

FALKEN VERLAG

Die Kleidermotte ernährt sich von nichts, sie frißt nur Löcher
Stilblüten, Sprüche und Widersprüche aus Schule, Zeitung, Rundfunk und Fernsehen. (0738) Von P. Haas, D. Kroppach, 112 S., zahlr. Abb., kart. ●

Olympische Witze
Sportlerwitze in Wort und Bild. (0505) Von W. Willnat, 112 S., 126 Zeichnungen, kart. ●

Ich lach mich kaputt! Die besten Kinderwitze
(0545) Von E. Hannemann, 128 S., 15 Zeichnungen, kart. ●

Lach mit!
Witze für Kinder, gesammelt von Kindern. (0468) Hrsg. von W. Pröve, 128 S., 17 Zeichnungen, kart. ●

Die besten Kinderwitze
(0757) Von K. Rank, 120 S., 28 Zeichnungen, kart. ●

Lustige Sketche für Jungen und Mädchen
Kurze Theaterstücke für Jungen und Mädchen. (0669) Von U. Lietz und U. Lange, 104 S., kart. ●

Spielbare Witze für Kinder
(0824) Von H. Schmalenbach, 128 S., 30 Zeichnungen, kart. ●

Natur

Falken-Handbuch
Umweltschutz
Das Öko-Testbuch zur Eigeninitiative. (4160) Von M. Häfner, 352 S., 411 Farbf., 152 Farbzeichnungen, Pappband. ●●●●

Pilze
erkennen und benennen. (0380) Von J. Raithelhuber, 136 S., 110 Farbfotos, kart. ●●

Falken-Handbuch **Pilze**
Mit über 250 Farbfotos und Rezepten. (4061) Von M. Knoop, 276 S., 250 Farbfotos, Pappband. ●●●●

Garten heute
Der moderne Ratgeber · Über 1000 Farbbilder. (4283) Von H. Jantra, 384 S., über 1000 Farbabbildungen, Pappband. ●●●●

Das Gartenjahr
Arbeitsplan für den Hobbygärtner. (4075) Von G. Bambach, 152 S., 16 Farbtafeln, 141 Abb., kart. ●●

Gartenteiche und Wasserspiele
planen, anlegen und pflegen. (4083) Von H. R. Sikora, 160 S., 31 Farb- und 31 s/w-Fotos, 73 Zeichnungen, Pappband. ●●●

Wasser im Garten
Von der Vogeltränke zum Naturteich – Natürliche Lebensräume selbst gestalten. (4230) Von H. Hendel, P. Keßeler, 240 S., 247 Farbfotos, 68 Farbzeichnungen, Pappband. ●●●●●

Mein kleiner Gartenteich
planen – anlegen – pflegen (0851) Von I. Polaschek, 144 S., 85 Farbfotos, 10 Farbzeichnungen, kart. ●●

Gärtnern
(5004) Von I. Manz, 64 S., 38 Farbfotos, Pappband. ●●

Gärtner Gustavs Gartenkalender
Arbeitspläne · Pflanzenporträts · Gartenlexikon. (4155) Von G. Schoser, 120 S., 146 Farbfotos, 13 Tabellen, 203 farbige Zeichnungen, Pappband. ●●●

Ziersträucher und -bäume im Garten
(5071) Von I. Manz, 64 S., 91 Farbfotos, Pappband. ●●

Das Blumenjahr
Arbeitsplan für drinnen und draußen. (4142) Von G. Vocke, 136 S., 15 Farbtafeln, kart. ●●

Der richtige Schnitt von Obst- und Ziergehölzen, Rosen und Hecken
(0619) Von E. Zettl, 88 S., 8 Farbtafeln, 39 Zeichnungen, 29 s/w-Fotos, kart. ●●

Blumenpracht im Garten
(5014) Von I. Manz, 64 S., 93 Farbfotos, Pappband. ●●

Blütenpracht in Haus und Garten
(4145) Von M. Haberer, u. a., 352 S., 1012 Farbfotos, Pappband. ●●●●

Sag's mit Blumen
Pflege und Arrangieren von Schnittblumen. (5103) Von P. Möhring, 64 S., 68 Farbfotos, 2 s/w-Abb., Pappband. ●●

Grabgestaltung
Bepflanzung und Pflege zu jeder Jahreszeit. (5120) Von N. Uhl, 64 S., 77 Farbfotos, 2 Zeichnungen, Pappband. ●●

Wintergärten
Das Erlebnis, mit der Natur zu wohnen. Planen, Bauen und Gestalten. (4256) Von LOG, ID, 136 S., 130 Farbfotos, 107 Zeichnungen, Pappband. ●●●

Häuser in lebendigem Grün
Fassaden und Dächer mit Pflanzen gestalten. (0846) Von U. Mehl, K. Werk, 88 S., 116 Farbfotos, 4 Farb- und 17 s/w-Zeichnungen, kart. ●

Leben im Naturgarten
Der Biogärtner und seine gesunde Umwelt. (4124) Von N. Jorek, 128 S., 68 s/w-Fotos, kart. ●●

So wird mein Garten zum Biogarten
Alles über die Umstellung auf naturgemäßen Anbau. (0706) Von I. Gabriel, 128 S., 73 Farbfotos, 54 Farbzeichnungen, kart. ●●

Gesunde Pflanzen im Biogarten
Biologische Maßnahmen bei Schädlingsbefall und Pflanzenkrankheiten. (0707) Von I. Gabriel, 128 S., 126 Farbfotos, 12 Farbzeichnungen, kart. ●●

Kosmische Einflüsse auf unsere Gartenpflanzen
Sterne beeinflussen Wachstum und Gesundheit der Pflanzen. (0708) Von I. Gabriel, 112 S., 57 Farbfotos, 43 Farbzeichnungen, kart. ●●

Der Biogarten unter Glas und Folie
Ganzjährig erfolgreich ernten. (0722) Von I. Gabriel, 128 S., 62 Farbfotos, 45 Farbzeichnungen, kart. ●●

Obst und Beeren im Biogarten
Gesunde und schmackhafte Früchte durch natürlichen Anbau. (0780) Von I. Gabriel, 128 S., 38 Farbfotos, 71 Farbzeichnungen, kart. ●

Neuanlage eines Biogartens
Planung, Bodenvorbereitung, Gestaltung. (0721) Von I. Gabriel, 128 S., 73 Farbfotos, 39 Zeichnungen, kart. ●●

Der biologische Zier- und Wohngarten
Planen, Vorbereiten, Bepflanzen und Pflegen. (0748) Von I. Gabriel, 128 S., 72 Farbfotos, 46 Farbzeichnungen, kart. ●●

Gemüse im Biogarten
Gesunde Ernte durch naturgemäßen Anbau (0830) Von I. Gabriel, 128 S., 26 Farbfotos, 86 Farbzeichnungen, kart. ●●

Erfolgreich gärtnern
durch naturgemäßen Anbau (4252) Von I. Gabriel, 416 S., 176 Farbfotos, 212 Farbzeichnungen, Pappband. ●●●

Das Bio-Gartenjahr
Arbeitsplan für naturgemäßes Gärtnern. (4169) Von N. Jorek, 128 S., 8 Farbtafeln, 70 s/w-Abb. kart. ●●

Selbstversorgung aus dem eigenen Anbau
Reichen Erntesegen verwerten und haltbar machen. (4182) Von M. Bustorf-Hirsch, M. Hirsch, 216 S., 270 Zeichnungen, Pappband. ●●●

Mischkultur im Nutzgarten
Mit Jahreskalender und Anbauplänen. (0651) Von H. Oppel, 112 S., 8 Farbtafeln, 23 s/w-Fotos, 29 Zeichnungen, kart. ●

Erfolgreich gärtnern mit
Frühbeet und Folie
(0828) Von Dr. Gustav Schoser, 88 S., 8 Farbtafeln, 46 s/w-Fotos, kart. ●

Erfolgstips für den Gemüsegarten
Mit naturgemäßem Anbau zu höherem Ertrag. (0674) Von F. Mühl, 80 S., 30 s/w-Fotos, 4 Zeichnungen, kart. ●

Erfolgstips für den Obstgarten
Gesunde Früchte durch richtige Sortenwahl und Pflege. (0827) Von F. Mühl, 84 S., 16 Farbtafeln, 33 Zeichnungen, kart. ●●

Gemüse, Kräuter, Obst aus dem Balkongarten
– Erfolgreich ernten auf kleinstem Raum. (0694) Von S. Stein, 32 S., 34 Farbfotos, 6 Zeichnungen, Spiralbindung, kart. ●

Keime, Sprossen, Küchenkräuter
am Fenster ziehen – rund ums Jahr. (0658) Von F. und H. Jantzen, 32 S., 55 Farbfotos, Pappband. ●

Balkons in Blütenpracht
zu allen Jahreszeiten. (5047) Von N. Uhl, 64 S., 80 Farbfotos, Pappband. ●●

Kübelpflanzen
für Balkon, Terrasse und Dachgarten. (5132) Von M. Haberer, 64 S., 70 Farbfotos, Pappband. ●●

Kletterpflanzen
Rankende Begrünung für Fassade, Balkon und Garten. (5140) Von M. Haberer, 64 S., 70 Farbabb., 2 Zeichnungen, Pappband. ●●

Mein Kräutergarten rund ums Jahr
Täglich schnittfrisch und gesund würzen. (4192) Von Prof. Dr. G. Franz, 136 S., 15 Farbtafeln, 91 Zeichnungen, kart. ●●

Blühende Zimmerpflanzen
94 Arten mit Pflegeanleitungen. (5010) Von R. Blaich, 64 S., 107 Farbfotos, Pappband. ●●

Prof. Stelzers grüne Sprechstunde
Gesunde Zimmerpflanzen
Krankheiten erkennen und behandeln · Mit neuem Diagnosesystem. (4274) Von Prof. Dr. G. Stelzer, 192 S., 410 Farbfotos, 10 s/w-Zeichnungen, Pappband. ●●●

365 Erfolgstips für schöne Zimmerpflanzen
(0893) Von H. Jantra, 144 S., 215 Farbfotos, kart. ●●

Die hier vorgestellten Bücher, Videokassetten und Software sind in folgende Preisgruppen unterteilt:

● Preisgruppe bis DM 10,–/S 79,–
●● Preisgruppe über DM 10,– bis DM 20,– S 80,– bis S 160,–

●●● Preisgruppe über DM 20,– bis DM 30,– S 161,– bis S 240,–

●●●● Preisgruppe über DM 30,– bis DM 50,– S 241,– bis S 400,–
●●●●● Preisgruppe über DM 50,–/S 401,–
*(unverbindliche Preisempfehlung)

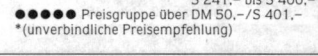

Die Preise entsprechen dem Status beim Druck dieses

Videokassette
Pflanzenjournal
Blumen- und Pflanzenpflege im Jahresverlauf.
(6036/VHS) ca. 30 Min., in Farbe, ●●●●*

Blütenpracht in Grolit 2000
Der neue, mühelose Weg zu farbenprächtigen
Zimmerpflanzen. (5127) Von G. Vocke, 64 S.,
50 Farbfotos, Pappband. ●

Ziergräser
Über 100 Arten erfolgreich kultivieren.
(0829) Von H. Jantra, 104 S., 73 Farbfotos,
6 Farbzeichnungen, kart. ●●

Bonsai
Japanische Miniaturbäume und Miniaturland-
schaften. Anzucht, Gestaltung und Pflege.
(4091) Von B. Lesniewicz, 160 S., 106 Farbfotos, 46 s/w-Fotos, 115 Zeichnungen,
gebunden. ●●●

**Zimmerbäume, Palmen und andere
Blattpflanzen**
Standort, Pflege, Vermehrung, Schädlinge.
(5111) Von G. Schoser, 96 S., 98 Farbfotos,
7 Zeichnungen, Pappband. ●●

Biologisch zimmergärtnern
Zier- und Nutzpflanzen natürlich pflegen.
(4144) Von N. Jorek, 152 S., 15 Farbtafeln,
120 s/w-Fotos, Pappband. ●●

Zimmerpflanzen in Hydrokultur
Leitfaden für problemlose Blumenpflege.
(0660) Von H.-A. Rotter, 32 S., 76 Farbfotos,
8 farbige Zeichnungen, Pappband. ●

Sukkulenten
Mittagsblumen, Lebende Steine, Wolfsmilch-
gewächse u. a. (5070) Von W. Hoffmann,
64 S., 82 Farbfotos, Pappband. ●●

Kakteen und andere Sukkulenten
300 Arten mit über 500 Farbfotos. (4116)
Von G. Andersohn, 316 S., 520 Farbfotos,
193 Zeichnungen, Pappband. ●●●●

Fibel für Kakteenfreunde
(0199) Von H. Herold, 102 S., 23 Farbfotos,
37 s/w-Abb., kart. ●

Kakteen
Herkunft, Anzucht, Pflege, Arten. (5021) Von
W. Hoffmann, 64 S., 70 Farbfotos, Pappband.
●●

Faszinierende Formen und Farben
Kakteen
(4211) Von K. und F. Schild, 96 S., 127 Farbfotos, Pappband. ●●●

Falken-Handbuch **Orchideen**
Lebensraum, Kultur, Anzucht und Pflege.
(4231) Von G. Schoser, 144 S., 121 Farbfotos,
28 Farbzeichnungen, Pappband. ●●●

Falken-Handbuch **Katzen**
(4158) Von B. Gerber, 176 S., 294 Farb- und
88 s/w-Fotos, Pappband. ●●●●

DIE TIERSPRECHSTUNDE
Junge Katzen
(0862) Von Dr. med. vet. E. M. Bartenschla-
ger, 72 S., 40 Farbfotos, 4 Farbzeichnungen,
kart. ●

Katzen
Rassen · Haltung · Pflege. (4216) Von
B. Eilert-Overbeck, 96 S., 82 Farbfotos,
Pappband. ●●●

Das neue Katzenbuch
Rassen – Aufzucht – Pflege. (0427) Von
B. Eilert-Overbeck, 136 S., 14 Farbtafeln,
26 s/w-Fotos, kart. ●

Katzenkrankheiten
Erkennung und Behandlung, Steuerung des
Sexualverhaltens. (0652) Von Dr. med. vet.
R. Spangenberg, 176 S., 64 s/w-Fotos,
4 Zeichnungen, kart. ●

Falken-Handbuch **Hunde**
(4118) Von H. Bielfeld, 176 S., 222 Farb-
und 73 s/w-Abb., Pappband. ●●●●

Hunde
Rassen · Erziehung · Haltung. (4209) Von
H. Bielfeld, 96 S., 101 Farbfotos, Pappband.
●●●

Das neue Hundebuch
Rassen · Aufzucht · Pflege. (0009) Von
W. Busack, überarbeitet von Dr. med. vet.
A. H. Hacker und H. Bielfeld, 112 S., 8 Farb-
tafeln, 27 s/w-Fotos, 6 Zeichnungen, kart. ●

Falken-Handbuch
Der Deutsche Schäferhund
(4077) Von U. Förster, 228 S., 160 Abb.,
Pappband. ●●●

Der Deutsche Schäferhund
Aufzucht, Pflege und Ausbildung. (0073) Von
A. Hacker, 104 S., 56 Abb., kart. ●

Dackel, Teckel, Dachshund
Aufzucht · Pflege · Ausbildung. (0508) Von
M. Wein-Gysae, 112 S., 4 Farbtafeln, 43 s/w-
Fotos, 2 Zeichnungen, kart. ●

Hundeausbildung
Verhalten – Gehorsam – Abrichtung. (0346)
Von Prof. Dr. R. Menzel, 96 S., 18 Fotos, kart.
●

Grundausbildung für Gebrauchshunde
Schäferhund, Boxer, Rottweiler, Dobermann,
Riesenschnauzer, Airedaleterrier, Hovawart
und Bouvier. (0801) Von M. Schmidt und W.
Koch, 104 S., 8 Farbtafeln, 51 s/w-Fotos,
5 s/w-Zeichnungen, kart. ●

Hundekrankheiten
Erkennung und Behandlung, Steuerung des
Sexualverhaltens. (0570) Von
Dr. med. vet. R. Spangenberg, 128 S.,
68 s/w-Fotos, 10 Zeichnungen, kart. ●

Falken-Handbuch **Pferde**
(4186) Von H. Werner, 176 S., 196 Farb-und
50 s/w-Fotos, 100 Zeichnungen, Pappband.
●●●●

Wellensittiche
Arten · Haltung · Pflege · Sprechunterricht ·
Zucht. (5136) Von H. Bielfeld, 64 S., 59 Farb-
fotos, Pappband. ●●

Papageien und Sittiche
Arten · Pflege · Sprechunterricht.
(0591) Von H. Bielfeld, 112 S., 8 Farbtafeln,
kart. ●

DIE TIERSPRECHSTUNDE
Sittiche und kleine Papageien
(0864) Von Dr. med. vet. E. M. Bartenschla-
ger, 88 S., 84 Farbfotos, 9 Zeichnungen, kart.
●

Geflügelhaltung als Hobby
(0749) Von M. Baumeister, H. Meyer, 184 S.,
8 Farbtafeln, 47 s/w-Fotos, 15 Zeichnungen,
kart. ●●

DIE TIERSPRECHSTUNDE
Alles über Igel in Natur und Garten
(0810) Von Dr. med. vet. E. M. Bartenschla-
ger, 68 S., 51 Farbfotos, kart. ●

DIE TIERSPRECHSTUNDE
Alles über Meerschweinchen
(0809) Von Dr. med. vet. E. M. Bartenschla-
ger, 72 S., 43 Farbfotos, 11 Farbzeichnungen,
kart. ●

DIE TIERSPRECHSTUNDE
Tiere im Wassergarten
(0808) Von Dr. med. vet. E. M. Bartenschla-
ger, 96 S., 84 Farbfotos, 7 Zeichnungen, kart.
●

Das Süßwasser-Aquarium
Einrichtung · Pflege · Fische · Pflanzen.
(0153) Von H. J. Mayland, 152 S., 16 Farbtafeln, 43 s/w-Zeichnungen, kart. ●●

Falken-Handbuch
Süßwasser-Aquarium
(4191) Von H. J. Mayland, 288 S., 564 Farbfotos, 75 Zeichnungen, Pappband. ●●●●

Cichliden
Pflege, Herkunft und Nachzucht der wichtig-
sten Buntbarscharten. (5144) Von Jo in't
Veen, 96 S., 163 Farbfotos, Pappband. ●●

Gesundheit

Die Frau als Hausärztin
Der unentbehrliche Ratgeber für die Gesundheit. (4072) Von Dr. med. A. Fischer-Dückel-
mann, 808 S., 14 Farbtafeln, 146 s/w-Fotos,
203 Zeichnungen, Pappband. ●●●

Dr. Reitners großes Gesundheitslexikon
Mit über 5000 Stichwörtern.
(4282) Von Dr. med. H.-J. Lewitzka-Reitner,
in Zusammenarbeit mit P. Janknecht und U.
Kannapin, 504 S., 424 s/w-Abbildungen,
Pappband. ●

**Heiltees und Kräuter für die
Gesundheit**
(4123) Von G. Leibold, 136 S., 15 Farbtafeln,
16 Zeichnungen, kart. ●●

Falken-Handbuch **Heilkräuter**
Modernes Lexikon der Pflanzen und Anwendungen (4076) Von G. Leibold, 392 S.,
183 Farbfotos, 22 Zeichnungen, geb. ●●●●

Die farbige Kräuterfibel
Heil- und Gewürzpflanzen. (0245) Von
I. Gabriel, 196 S., 49 farbige und
97 s/w-Abb., kart. ●

Falken-Handbuch **Bio-Medizin**
Alles über die moderne Naturheilpraxis.
(4136) Von G. Leibold, 552 S., 38 Farbfotos,
232 s/w-Abb., Pappband. ●●●●

Enzyme
Vitalstoffe für die Gesundheit. (0677) Von
G. Leibold, 96 S., kart. ●

Heilfasten
(0713) Von G. Leibold, 108 S., kart. ●

Besser leben durch Fasten
(0841) Von G. Leibold, 100 S., kart. ●

Kneippkuren zu Hause
(0779) Von G. Leibold, 112 S., 25 Zeichnungen, kart. ●

Krebsangst und Krebs behandeln
Mit einem Vorwort von Prof. Dr. med.
Friedrich Douwes. (0839) Von G. Leibold,
104 S., kart. ●

Allergien behandeln und lindern
Mit einem Vorwort von Dr. med. Axel
Stemmann. (0840) Von G. Leibold, 104 S.,
4 Zeichnungen, kart. ●

FALKEN VERLAG

Rheuma behandeln und lindern
Mit einem Vorwort von
Dr. med. Max-Otto-Bruker
(0836) Von G. Leibold, 104 S., kart. ●

Die echte Schroth-Kur
(0797) Von Dr. med. R. Schroth, 88 S.,
2 s/w-Fotos, kart. ●

Streß bewältigen durch Entspannung
(0834) Von Dr. med. Chr. Schenk, 88 S.,
29 Zeichnungen, kart. ●

Gesundheit und Spannkraft durch Yoga
(0321) Von L. Frank und U. Ebbers, 112 S.,
50 s/w-Fotos, kart. ●

Yoga für jeden
(0341) Von K. Zebroff, 156 S., 135 Abb.,
Spiralbindung, ●●●

Yoga für Schwangere
Der Weg zur sanften Geburt. (0777) Von
V. Bolesta-Hahn, 108 S., 76 zweifarbige Abb.
kart. ●●

**Yoga gegen Haltungsschäden und
Rückenschmerzen**
(0394) Von A. Raab, 104 S., 215 Abb., kart. ●

Hypnose und Autosuggestion
Methoden – Heilwirkungen – praktische
Beispiele. (0483) Von G. Leibold, 120 S.,
9 Illustrationen, kart. ●

Gesund durch Gedankenenergie
Heilung im gemeinsamen Kraftfeld
(6035) Nur VHS, 45 Min., in Farbe ●●●●●*

Autogenes Training
Anwendung · Heilwirkungen · Methoden.
(0541) Von R. Faller, 128 S., 3 Zeichnungen,
kart. ●

**Die fernöstliche Fingerdrucktherapie
Shiatsu**
Anleitungen zur Selbsthilfe – Heilwirkungen.
(0615) Von G. Leibold, 196 S., 180 Abb., kart. ●

Eigenbehandlung durch Akupressur
Heilwirkungen – Energielehre – Meridiane.
(0417) Von G. Leibold, 152 S., 78 Abb., kart. ●

Chinesische Naturheilverfahren
Selbstbehandlung mit bewährten Methoden
der physikalischen Therapie. Atemtherapie ·
Heilgymnastik · Selbstmassage · Vorbeugen ·
Behandeln · Entspannen. (4247) Von F. Tjoeng
Lie, 160 S., 292 zweifarbige Zeichnungen,
Pappband. ●●●

Chinesisches Schattenboxen
Tai-Ji-Quan
für geistige und körperliche Harmonie
(0850) Von F. T. Lie, 120 S., 221 s/w-Fotos,
9 s/w-Zeichnungen, Beilage: 1 s/w-Poster
mit zahlreichen Abbildungen, kart. ●●

Fit mit **Tai Chi**
als sanfte Körpererfahrung.
(2305) Von B. u. K. Moegling, 112 S.,
121 Farbfotos, 6 Farb- u. 4 s/w-Zeichnungen,
kart. ●●

Bauch, Taille und Hüfte gezielt formen durch
Aktiv-Yoga
(0709) Von K. Zebroff, 112 S., 102 Farbfotos,
kart. ●●

10 Minuten täglich Tele-Gymnastik
(5102) Von B. Manz und K. Biermann, 128 S.,
381 Abb., kart. ●●

Gesund und fit durch Gymnastik
(0366) Von H. Pilss-Samek, 132 S., 150 Abb.,
kart. ●

Stretching
Mit Dehnungsgymnastik zu Entspannung,
Geschmeidigkeit und Wohlbefinden. (0717)
Von H. Schulz, 80 S., 90 s/w-Fotos, kart. ●

Fit mit **Stretching**
(2304) Von B. Kurz, 96 S., 255 Farbfotos,
kart. ●●

Gesund und leistungsfähig durch
**Konditionsübungen, Fitneßtraining,
Wirbelsäulengymnastik**
(0844) Von R. Milser, K. Grafe, 104 S.,
99 Farbfotos, 12 Farbzeichnungen, 5 s/w-
Zeichnungen kart. ●●

Gesundheit durch altbewährte Kräuter-
rezepte und Hausmittel aus der
Natur-Apotheke
(4156) Von G. Leibold, 236 S., 8 Farbtafeln,
100 Zeichnungen, kart., ●●

**Diät bei Krankheiten des Magens und
Zwölffingerdarms**
Rezeptteil von B. Zöllner. (3201) Von Prof. Dr.
med. H. Kaess, 96 S., 4 Farbtafeln, kart. ●●

**Diät bei Herzkrankheiten und
Bluthochdruck**
Salzarme (natriumarme) Kost. Rezeptteil von
B. Zöllner. (3202) Von Prof. Dr. med.
H. Rottka, 92 S., 4 Farbtafeln, kart. ●●

**Diät bei Erkrankungen der Nieren, Harn-
wege und bei Dialysebehandlung**
Völlig überarbeitete Neuauflage,
durchgehend farbig bebildert.
Rezeptteil von B. Zöllner. (3203) Von Prof.
Dr. med. Dr. h. c. H. J. Sarre und Prof. Dr.
med. R. Kluthe, 96 S., 33 Farbfotos, 1 s/w-
Zeichnung, kart. ●●

Richtige Ernährung wenn man älter wird
Völlig überarbeitete Neuauflage,
durchgehend farbig bebildert.
Rezeptteil von B. Zöllner. (3204) Von Prof.
Dr. med. H.-J. Pusch, Prof. Dr. N. Zöllner und
Prof. Dr. G. Wolfram. 96 S., 36 Farbfotos und
3 s/w-Zeichnungen, kart. ●●

Diät bei Gicht und Harnsäuresteinen
Rezeptteil von B. Zöllner. (3205) Von Prof.
Dr. med. N. Zöllner, 80 S., 4 Farbtafeln, kart.
●●

Diät bei Zuckerkrankheit
Rezeptteil von B. Zöllner. (3206) Von Prof.
Dr. med. P. Dieterle, 80 S., 4 Farbtafeln, kart.
●●

**Diät bei Krankheiten der Gallenblase,
Leber und Bauchspeicheldrüse**
Rezeptteil von B. Zöllner. (3207) Von Prof.
Dr. med. H. Kasper, 88 S., 4 Farbtafeln, kart.
●●

**Diät bei Störungen des Fettstoffwechsels
und zur Vorbeugung der Arteriosklerose**
Rezeptteil von B. Zöllner. (3208) Von Prof.
Dr. med. G. Wolfram und Dr. med. O. Adam,
104 S., 4 Farbtafeln, kart. ●●

Diät bei Übergewicht
Völlig überarbeitete Neuauflage,
durchgehend farbig bebildert.
Rezeptteil von B. Zöllner. (3209) Von Prof.
Dr. med. Ch. Keller, 104 S., 38 Farbfotos,
kart. ●●

Diät bei Darmkrankheiten
Durchfall – Divertikulose, Reizdarm und
Darmträgheit – einheimische Sprue (Zöliakie)
– Disaccharidasemangel – Dünndarmresek-
tion – Dumping Syndrom. Rezeptteil von
B. Zöllner. (3211) Von Prof. Dr. med. G. Stroh-
meyer, 88 S., 4 Farbtafeln, kart. ●●

**Ballaststoffreiche Kost bei Funktionsstö-
rungen des Darms**
Rezeptteil von B. Zöllner. (3212) Von Prof. Dr.
med. H. Kasper, 96 S., 34 Farbfotos, 1 s/w-
Foto, kart. ●●

Bildatlas des menschlichen Körpers
(4177) Von G. Pogliani, V. Vannini, 112 S.,
402 Farbabb., 28 s/w-Fotos, Pappband,
●●●

Fußmassage
Reflexzonentherapie am Fuß (0714) Von G.
Leibold, 96 S., 38 Zeichnungen, kart. ●

Rheuma und Gicht
Krankheitsbilder, Behandlung, Therapieverfahren, Selbstbehandlung, richtige Lebensführung und Ernährung. (0712) Von Dr.
J. Höder, J. Bandick, 104 S., kart. ●

Diabetes
Krankheitsbild, Therapie, Kontrollen,
Schwangerschaft, Sport, Urlaub, Alltags-
probleme, Neueste Erkenntnisse der
Diabetesforschung.
(0895) Von Dr. med. H. J. Krönke, 116 S.,
4 Farbtafeln, 14 s/w-Fotos, 13 s/w-Zeichnun-
gen, kart. ●

Krampfadern
Ursachen, Vorbeugung, Selbstbehandlung,
Therapieverfahren. (0727) Von Dr. med. K.
Steffens, 96 S., 38 Abb., kart. ●

Gallenleiden
Krankheitsbilder, Behandlung, Therapie-
verfahren, Selbstbehandlung, Richtige
Lebensführung und Ernährung. (0673) Von
Dr. med. K. Steffens, 104 S., 34 Zeichnungen,
kart. ●

Asthma
Pseudokrupp, Bronchitis und Lungenemphy-
sem. (0778) Von Prof. Dr. med. W. Schmidt,
120 S., 56 Zeichnungen, kart. ●

Fastenkuren
Wege zur gesunden Lebensführung.
Rezepte und Tips für die Nachfastenzeit.
Kurzfasten · Saftfastenkuren · Fastenschalt-
tage · Heilfasten
(4248) Von Ha. A. Mehler, H. Keppler, 144 S.,
16 s/w-Fotos, 9 Zeichnungen, Pappband.
●●●

Aus dem Schatz der Naturmedizin
Heilkräuterkuren
(4268) Von Dr. med. E. Rauch, Dr. rer. nat.
P. Kruletz, 144 S., 49 Zeichnungen, kart. ●●

Vitamine und Ballaststoffe
So ermittle ich meinen täglichen Bedarf
(0746) Von Prof. Dr. M. Wagner, I. Bongartz,
96 S., 6 Farbabb., zahlreiche Tabellen, kart. ●

Darmleiden
Krankheitsbilder, Behandlung, Selbstbehandlung, Richtige Lebensführung und Ernährung.
(0798) Von Dr. med. K. Steffens, 112 S.,
46 Zeichnungen, kart. ●

Massage
(0750) Von B. Rumpler, K. Schutt, 112 S., 116
zweifarbige Zeichnungen, kart. ●●

Ratgeber Aids
Entstehung, Ansteckung, Krankheitsbilder,
Heilungschancen, Schutzmaßnahmen.
(0803) Von B. Baartman, Vorwort von Dr.
med. H. Jäger, 112 S., 8 Farbtafeln,
4 Grafiken, kart. ●●

Wenn Kinder krank werden
Medizinischer Ratgeber für Eltern.
(4240) Von Dr. med. I. J. Chasnoff, B. Nees-
Delaval, 232 S., 163 Zeichnungen, Pappband.
●●●

Die hier vorgestellten Bücher, Videokassetten und Software sind in folgende Preisgruppen unterteilt:

● Preisgruppe bis DM 10,–/S 79,–
●● Preisgruppe über DM 10,– bis DM 20,–
S 80,– bis S 160,–

●●● Preisgruppe über DM 20,– bis DM 30,–
S 161,– bis S 240,–

●●●● Preisgruppe über DM 30,– bis DM 50,–
S 241,– bis S 400,–
●●●●● Preisgruppe über DM 50,–/S 401,–
*(unverbindliche Preisempfehlung)

Die Preise entsprechen dem Status beim Druck dieses

Ratgeber Lebenshilfe

Umgangsformen heute
Die Empfehlungen des Fachausschusses für Umgangsformen. (4015) 282 S., 160 s/w-Fotos, 25 Zeichnungen, Pappband. ●●●

Der gute Ton
Ein moderner Knigge. (0063) Von I. Wolter, 168 S., 38 Zeichnungen, 53 s/w-Fotos, kart. ●

Haushaltstips von A bis Z
(0759) Von A. Eder, 80 S., 30 Zeichnungen, kart. ●

Wir heiraten
Ratgeber zur Vorbereitung und Festgestaltung der Verlobung und Hochzeit. (4188) Von C. Poensgen, 216 S., 8 s/w-Fotos, 30 s/w-Zeichnungen, 8 Farbtafeln, Pappband. ●●

Der schön gedeckte Tisch
Vom einfachen Gedeck bis zur Festtafel stimmungsvoll und perfekt arrangiert (4246) Von H. Tapper, 112 S., 206 Farbabbildungen, 21 s/w-Abbildungen, Pappband. ●●●

Familienforschung · Ahnentafel · Wappenkunde
Wege zur eigenen Familienchronik. (0744) Von P. Bahn, 128 S., 8 Farbtafeln, 30 Abbildungen, kart. ●●

Die Kunst der freien Rede
Ein Intensivkurs mit vielen Übungen, Beispielen und Lösungen. (4189) Von G. Hirsch, 232 S., 11 Zeichnungen, Pappband. ●●●

Reden zur Taufe, Kommunion und Konfirmation
(0751) Von G. Georg, 96 S., kart. ●

Der richtige Brief zu jedem Anlaß
Das moderne Handbuch mit 400 Musterbriefen. (4179) Von H. Kirst. 376 S., Pappband. ●●●

Von der Verlobung zur Goldenen Hochzeit
(0393) Von E. Ruge, 120 S., kart. ●

Reden zur Hochzeit
Musteransprachen für Hochzeitstage. (0654) Von G. Georg, 112 S., kart. ●

Glückwünsche, Toasts und Festreden zur Hochzeit.
(0264) Von I. Wolter, 128 S., 18 Zeichnungen, kart. ●

Hochzeits- und Bierzeitungen
Muster, Tips und Anregungen. (0288) Von H.-J. Winkler, mit vielen Text- und Gestaltungsanregungen, 116 S., 15 Abb., 1 Musterzeitung, kart. ●

Kindergedichte zur Grünen, Silbernen und Goldenen Hochzeit
(0318) Von H.-J. Winkler, 104 S., 20 Abb., kart. ●

Kindergedichte für Familienfeste
(0860) Von B. H. Bull, 96 S., 20 Zeichnungen, kart. ●

Die Silberhochzeit
Vorbereitung · Einladung · Geschenkvorschläge · Dekoration · Festablauf · Menüs · Reden · Glückwünsche. (0542) Von K. F. Merkle, 120 S., 41 Zeichnungen, kart. ●

Großes Buch der Glückwünsche
(0255) Hrsg. von O. Fuhrmann, 176 S., 77 Zeichnungen und viele Gestaltungsvorschläge, kart. ●

Neue Glückwunschfibel
für Groß und Klein. (0156) Von R. Christian-Hildebrandt, 96 S., kart. ●

Glückwunschverse für Kinder
(0277) Von B. Ulrici, 80 S., kart. ●

Die Redekunst
Rhetorik · Rednererfolg (0076) Von K. Wolter, überarbeitet von Dr. W. Tappe, 80 S., kart. ●

Reden und Ansprachen
für jeden Anlaß. (4009) Hrsg. von F. Sicker, 454 S., gebunden. ●

Reden zum Jubiläum
Musteransprachen für viele Gelegenheiten. (0595) Von G. Georg, 112 S., kart. ●

Reden zum Ruhestand
Musteransprachen zum Abschluß des Berufslebens (0790) Von G. Georg, 104 S., kart. ●

Reden und Sprüche zu Grundsteinlegung, Richtfest und Einzug
(0598) Von A. Bruder, G. Georg, 96 S., kart. ●

Reden zu Familienfesten
Musteransprachen für viele Gelegenheiten. (0675) Von G. Georg, 108 S., kart. ●

Reden zum Geburtstag
Musteransprachen für familiäre und offizielle Anlässe. (0773) Von G. Georg, 104 S., kart. ●

Festreden und Vereinsreden
Ansprachen für festliche Gelegenheiten. (0069) Von K. Lehnhoff, E. Ruge, 88 S., kart. ●

Reden im Verein
Musteransprachen für viele Gelegenheiten. (0703) Von G. Georg, 112 S., kart., ●

Trinksprüche
Fest- und Damenreden in Reimen. (0791) Von L. Metzner, 88 S., 14 s/w-Zeichnungen, kart. ●

Trinksprüche, Richtsprüche, Gästebuchverse
(0224) Von D. Kellermann, 80 S., kart. ●

Ins Gästebuch geschrieben
(0576) Von K. H. Trabeck, 96 S., 24 Zeichnungen, kart. ●

Poesiealbumverse
Heiteres und Besinnliches. (0578) Von A. Göttling, 112 S., 20 Zeichnungen, Pappband. ●●

Verse fürs Poesiealbum
(0241) Von I. Wolter, 96 S., 20 Abb., kart. ●
Rosen, Tulpen, Nelken . . .
Beliebte Verse fürs Poesiealbum
(0431) Von W. Pröve, 96 S., 11 Faksimile-Abb., kart. ●

Der Verseschmied
Kleiner Leitfaden für Hobbydichter. Mit Reimlexikon. (0597) Von T. Parisius, 96 S., 28 Zeichnungen, kart. ●

Moderne Korrespondenz
Handbuch für erfolgreiche Briefe. (4014) Von H. Kirst und W. Manekeller, 544 S., Pappband. ●●●●

Der neue Briefsteller
Musterbriefe für alle Gelegenheiten. (0060) Von I. Wolter-Rosendorf, 112 S., kart. ●

Geschäftliche Briefe
des Privatmanns, Handwerkers, Kaufmanns. (0041) Von A. Römer, 120 S., kart. ●

Behördenkorrespondenz
Musterbriefe – Anträge – Einsprüche. (0412) Von E. Ruge, 120 S., kart. ●

Musterbriefe
für alle Gelegenheiten. (0231) Hrsg. von O. Fuhrmann, 240 S., kart. ●

Privatbriefe
Muster für alle Gelegenheiten. (0114) Von I. Wolter-Rosendorf, 132 S., kart. ●

Briefe zu Geburt und Taufe
Glückwünsche und Danksagungen. (0802) Von H. Beitz, 96 S., 12 Zeichnungen, kart. ●

Briefe zum Geburtstag
Glückwünsche und Danksagungen (0822) Von H. Beitz, 104 S., 22 Zeichnungen, kart. ●

Briefe zur Hochzeit
Glückwünsche und Danksagungen (0852) Von R. Röngen, 96 S., 1 Zeichnung, 39 Vignetten, kart. ●

Briefe der Liebe
Anregungen für gefühlvolle und zärtliche Worte. (0903) Hrsg. von H. Beitz, 96 S., 4 Zeichnungen, kart. ●

Erfolgstips für den Schriftverkehr
Briefwechsel leicht gemacht durch einfachen Stil und klaren Ausdruck (0678) Von U. Schoenwald, 120 S., kart. ●

Worte und Briefe der Anteilnahme
(0464) Von E. Ruge, 128 S., mit vielen Abb., kart. ●

Reden in Trauerfällen
Musteransprachen für Beerdigungen und Trauerfeiern (0736) Von G. Georg, 104 S., kart. ●

Lebenslauf und Bewerbung
Beispiele für Inhalt, Form und Aufbau. (0428) Von H. Friedrich, 112 S., kart. ●

Erfolgreiche Bewerbungsbriefe und Bewerbungsformen.
(0138) Von W. Manekeller, 88 S., kart. ●

Die erfolgreiche Bewerbung
Bewerbung und Vorstellung. (0173) Von W. Manekeller, 156 S., kart. ●

Die Bewerbung
Der moderne Ratgeber für Bewerbungsbriefe, Lebenslauf und Vorstellungsgespräche. (4138) Von W. Manekeller, 264 S., Pappband. ●●

Vorstellungsgespräche
sicher und erfolgreich führen. (0636) Von H. Friedrich, 144 S., kart. ●

Keine Angst vor Einstellungstests
Ein Ratgeber für Bewerber. (0793) Von Ch. Titze, 120 S., 67 Zeichnungen, kart. ●

99 Alternativen für Umsteiger
Mehr Freude am Leben mit dem richtigen Beruf. (4251) Von D. Maxeiner, P. Birkenmeier, 192 S., 143 Fotos, 46 Zeichnungen, kart. ●●●

So werde ich erfolgreich
Ratschläge und Tips für Beruf und Privatleben. (0918) Von H. Hans, 104 S., kart. ●●

Die ersten Tage am neuen Arbeitsplatz
Ratschläge für den richtigen Umgang mit Kollegen und Vorgesetzten (0855) Von H. Friedrich, 104 S., kart. ●

Zeugnisse im Beruf
richtig schreiben, richtig verstehen. (0544) Von H. Friedrich, 112 S., kart. ●

In Anerkennung Ihrer . . . ,
Lob und Würdigung in Briefen und Reden.
(0535) Von H. Friedrich, 136 S., kart. ●

Erfolgreiche Kaufmannspraxis
Wirtschaftliche Grundlagen, Geld, Kreditwesen, Steuern, Betriebsführung, Recht, EDV. (4046) Von W. Göhler, H. Gölz, M. Heibel, Dr. D. Machenheimer, 544 S., gebunden. ●●●●

Die hier vorgestellten Bücher, Videokassetten und Software sind in folgende Preisgruppen unterteilt.

● Preisgruppe bis DM 10,–/S 79,–
●● Preisgruppe über DM 10,– bis DM 20,– S 80,– bis S 160,–
●●● Preisgruppe über DM 20,– bis DM 30,– S 161,– bis S 240,–
●●●● Preisgruppe über DM 30,– bis DM 50,– S 241,– bis S 400,–
●●●●● Preisgruppe über DM 50,–/S 401,– *(unverbindliche Preisempfehlung)

Wege zum Börsenerfolg
Aktien · Anleihen · Optionen
(4275) Von H. Krause, 252 S., 4 s/w-Fotos,
86 Zeichnungen, Pappband. ●●●

Mietrecht
Leitfaden für Mieter und Vermieter. (0479)
Von J. Beuthner, 196 S., kart. ●●

Familienrecht
Ehe – Scheidung – Unterhalt. (4190) Von T.
Drewes, R. Hollender, 368 S., Pappband.
●●●

**Erziehungsgeld, Mutterschutz,
Erziehungsurlaub**
Alles über das neue Recht für Eltern. Mit den
Gesetzestexten. (0835) Von J. Grönert,
144 S., kart. ●●

Scheidung und Unterhalt
nach dem neuen Eherecht. Mit dem Unter-
haltsänderungsgesetz 1986.
(0403) Von Rechtsanwalt H. T. Drewes,
112 S., mit Kosten- und Unterhaltstabellen,
kart. ●

Präzise Ratschläge für
Ihre optimale Rente
Vorbereitung · Berechnungsgrundlagen ·
Gesetzesänderungen · Individuelle Rechen-
beispiele. (0806) Von K. Möcks, 96 S.,
24 Formulare, 1 Graphik, kart. ●

Testament und Erbschaft
Erbfolge, Rechte und Pflichten der Erben,
Erbschafts- und Schenkungssteuer, Muster-
testamente. (4139) Von T. Drewes, R. Hollender, 304 S., Pappband. ●●●

Erbrecht und Testament
Mit Erläuterungen des Erbschaftssteuer-
gesetzes von 1974. (0046) Von Dr. jur.
H. Wandrey, 124 S., kart. ●

Endlich 18 und nun?
Rechte und Pflichten mit der Volljährigkeit.
(0646) Von R. Rathgeber, 224 S., 27 Zeichnungen, kart. ●●

Was heißt hier minderjährig?
(0765) Von R. Rathgeber, C. Rummel, 148 S.,
50 Fotos, 25 Zeichnungen, kart. ●●

**Erfolgreiche Bewerbung um einen
Ausbildungsplatz**
(0715) Von H. Friedrich, 136 S., kart. ●

Elternschule Grundschule
(0692) Hrsg. von K. Meynersen, 324 S., kart.
●●●

Sexualberatung
(0402) Von Dr. M. Röhl, 168 S., 8 Farbtafeln,
17 Zeichnungen, Pappband. ●●

Die Kunst des Stillens
nach neuesten Erkenntnissen
(0701) Von Prof. med. E. Schmidt/
S. Brunn, 112 S., 20 Fotos und Zeichnungen,
kart. ●

Wenn Sie ein Kind bekommen
(4003) Von U. Klamroth, Dr. med. H. Oster,
240 S., 86 s/w-Fotos, 30 Zeichnungen, kart.
●●●

Der moderne Ratgeber
Wir werden Eltern
Schwangerschaft · Geburt · Erziehung des
Kleinkindes. (4269) Von B. Nees-Delaval,
376 S., 335 zweifarbige Abbildungen,
Pappband. ●●●●

Vorbereitung auf die Geburt
Schwangerschaftsgymnastik, Atmung, Rück-
bildungsgymnastik. (0251) Von S. Buchholz,
112 S., 98 s/w-Fotos, kart. ●

Wie soll es heißen?
(0211) Von D. Köhr, 136 S., kart. ●

Das Babybuch
Pflege · Ernährung · Entwicklung. (0531) Von
A. Burkert, 128 S., 16 Farbtafeln,
38 s/w-Fotos, 30 Zeichnungen, kart. ●●

Wenn der Mensch zum Vater wird
Ein heiter-besinnlicher Ratgeber. (4259) Von
D. Zimmer, 160 S., 20 Zeichnungen,
Pappband. ●●

Die neue Lebenshilfe Biorhythmik
Höhen und Tiefen der persönlichen Lebens-
kurven vorausberechnen und danach handeln.
(0458) Von W. A. Appel, 157 S., 63 Zeichnungen, Pappband. ●●

Neue Erkenntnisse zum Biorhythmus
Individuelle Rhythmogramme für Berufserfolg und Gesundheit, Partnerschaft und
Freizeit. Beilage: Tagesformplaner.
(4276) Von H. Bott, 144 S., 35 s/w-Zeichnun-
gen, Pappband. ●●●

Vom Urkrümel zum Atompilz
Evolution – Ursache und Ausweg aus der
Krise. (4181) Von J. Voigt, 188 S., 20 Farb-
und 70 s/w-Fotos, 32 Zeichnungen, kart. ●●

Neues Denken – alte Geister
New Age unter der Lupe.
(4278) Von G. Myrell, Dr. W. Schmandt,
J. Voigt, 176 S., 54 Farbfotos, 3 Zeichnungen,
kart. ●●

Dinosaurier
und andere Tiere der Urzeit. (4219) Von
G. Alschner, 96 S., 81 Farbzeichnungen,
4 Fotos, Pappband. ●●●

Der Sklave Calvisius
Alltag in einer römischen Provinz 150 n. Chr.
(4058) Von A. Ammermann, T. Röhrig,
G. Schmidt, 99 Farbabb.,
47 s/w-Abb., Pappband. ●●

ZDF · ORF · DRS
Kompaß Jugend-Lexikon
(4096) Von R. Kerler, J. Blum, 336 S.,
766 Farbfotos, 39 s/w-Abb., Pappband.
●●●●

Psycho-Tests
– Erkennen Sich sich selbst. (0710) Von
B. M. Nash, R. B. Monchick, 304 S., 81 Zeich-
nungen, kart. ●●

FALKEN-SOFTWARE
Ego-Tests
Sich und andere besser erkennen und
verstehen. (7012) Diskette für IBM PC kom-
patibel (MS DOS) mit Begleitheft. ●●●●●*

Falken-Handbuch **Astrologie**
Charakterkunde · Schicksal · Liebe und Beruf ·
Berechnung und Deutung von Horoskopen ·
Aszendententabelle. (4068) Von B. A. Mertz,
342 S., mit 60 erläuternden Grafiken,
Pappband. ●●●

Die Magie der Zahlen
So nutzen Sie die Geheimnisse der Numerolo-
gie für Ihr persönliches Glück mit dem völlig
neuen Planetennumeroskop.
(4242) Von B. A. Mertz, 224 S., 36 Abbildungen, Pappband. ●●●

Selbst Wahrsagen mit Karten
Die Zukunft in Liebe, Beruf und Finanzen.
(0404) Von R. Koch, 112 S., 252 Abb.,
Pappband. ●●

Weissagen, Hellsehen, Kartenlegen . . .
Wie jeder die geheimen Kräfte ergründen und
für sich nutzen kann. (4153) Von G. Haddenbach, 192 S., 40 Zeichnungen, Pappband. ●●

Frauenträume, Männerträume
und ihre Bedeutung. (4198) Von G. Senger,
272 S., mit Traumlexikon, Pappband. ●●●

Wie Sie im Schlaf das Leben meistern ·
Schöpferisch träumen
Der Klartraum als Lebenshilfe.
(4258) Von Prof. Dr. P. Tholey, K. Utecht,
256 S., 1 s/w-Foto, 20 Zeichnungen,
Pappband. ●●●

Wahrsagen mit Tarot-Karten
(0482) Von E. J. Nigg, 112 S., 4 Farbtafeln,
52 s/w-Abb., Pappband. ●●

Aztekenhoroskop
Deutung von Liebe und Schicksal nach dem
Aztekenkalender. (0543) Von C.-M. und R.
Kerler, 160 S., 20 Zeichnungen, Pappband. ●

Was sagt uns das Horoskop?
Praktische Einführung in die Astrologie.
(0655) Von B. A. Mertz, 176 S., 25 Zeichnungen, kart. ●

Das Super-Horoskop
Der neue Weg zur Deutung von Charaker,
Liebe und Schicksal nach chinesischer und
abendländischer Astrologie. (0465) Von
G. Haddenbach, 175 S., kart. ●

**Liebeshoroskop für die
12 Sternzeichen**
Alles über Chancen, Beziehungen, Erotik,
Zärtlichkeit, Leidenschaft. (0587) Von
G. Haddenbach, 144 S., 11 Zeichnungen, kart.
●

Die 12 Sternzeichen
Charakter, Liebe und Schicksal. (0385) Von
G. Haddenbach, 160 S., Pappband. ●●

**Die 12 Tierzeichen im chinesischen
Horoskop**
(0423) Von G. Haddenbach, 128 S.,
Pappband. ●

Sternstunden
für Liebe, Glück und Geld, Berufserfolg und
Gesundheit. Das ganz persönliche Mitbringsel
für Widder (0621), Stier (0622), Zwillinge
(0623), Krebs (0624), Löwe (0625), Jungfrau
(0626), Waage (0627), Skorpion (0628),
Schütze (0629), Steinbock (0630), Wasser-
mann (0631), Fische (0632) Von L. Cancer,
62 S., durchgehend farbig, Zeichnungen,
Pappband. ●

So deutet man Träume
Die Bildersprache des Unbewußten. (0444)
Von G. Haddenbach, 160 S., Pappband. ●

Die Familie im Horoskop
Glück und Harmonie gemeinsam erleben –
Probleme und Gegensätze verstehen und
tolerieren. (4161) Von B. A. Mertz, 296 S.,
40 Zeichnungen, kart. ●●

Erkennen Sie Psyche und Charakter durch
Handdeutung
(4176) Von B. A. Mertz, 252 S., 9 s/w-Fotos,
160 Zeichnungen, Pappband. ●●●●

Falken-Handbuch **Kartenlegen**
Wahrsagen mit Tarot-, Skat-, Lenormand-
und Zigeunerblättern.
(4226) Von B. A. Mertz, 288 S., 38 Farb- und
108 s/w-Abb. Pappband. ●●●●

I Ging der Liebe
Das altchinesische Orakel für Partnerschaft
und Ehe. (4244) Von G. Damian-Knight,
320 S., 64 s/w-Zeichnungen, Pappband.
●●●

**Bauernregeln, Bauernweisheiten,
Bauernsprüche**
(4243) Von G. Haddenbach, 192 S., 62 Farbabb. 9 s/w-Fotos, 144 s/w-Zeichnungen,
Pappband. ●●●

Die Preise entsprechen dem Status beim Druck dieses

Neue Medien

Programm und Publikum
Der ständige Versuch einer Annäherung.
Beiträge und Reden über das öffentlich-rechtliche Fernsehen. (0874) Von A. Schardt,
167 S., kart. ●●

Computer Grundwissen
Eine Einführung in Funktion und Einsatzmöglichkeiten. (4302) Von W. Bauer, 176 Seiten,
193 Farb- und 12 s/w-Fotos, 37 Computergrafiken, kart., ●●●
(4301) Pappband ●●

**Einführung in die Programmiersprache
BASIC.** (4303) Von S. Curran und R. Curnow,
192 S., 92 Zeichnungen, kart. ●●

Intelligenz in BASIC
für Schneider CPC 464/664/6128. Mit
Diskette 3". (4320) Von K.-H. Koch, 160 S.,
14 Zeichnungen, kart. ●●●●●

Lernen mit dem Computer. (4304)
Von S. Curran und R. Curnow, 144 S.,
34 Zeichnungen, Spiralbindung. ●●

Computerspiele, Grafik und Musik
(4305) Von S. Curran und R. Curnow, 147 S.,
46 Zeichnungen, Spiralbindung. ●●

dBase III
Einführung für Einsteiger und Nachschlagewerk für Profis. (4310) Von J. Brehm,
G. A. Karl, 211 S., 23 Abb., kart. ●●●●●

Das Medienpaket
Buch und Programmdiskette „dBase III"
zusammen (4312) ●●●●●

Garantiert BASIC lernen mit dem C 128
Mit kompletter Kurs-Diskette
(4321) Von A. Görgens, 288 S., 4 s/w-Fotos,
83 Zeichnungen, kart. ●●●●

**Grundwissen
Informationsverarbeitung**
(4314) Von H. Schiro, 312 S., 59 s/w-Fotos,
133 s/w-Zeichnungen, Pappband. ●●●●●

Heimcomputer-Bastelkiste
Messen, Steuern, Regeln mit C 64-, Apple II-,
MSX-, TANDY-, MC-, Atari- und Sinclair-
Computern. (4309) Von G. A. Karl, 256 S.,
160 Zeichnungen, kart. ●●●●

WORDSTAR 2000
Textverarbeitung für Einsteiger und Profis
Mit erprobten Anwendungen aus der Praxis.
(4317) Von D. Nasser, 200 S., 9 s/w-Fotos,
3 Zeichnungen, kart. ●●●●●

Drucker und Plotter
Text und Grafik für Ihren Computer.
(4315) Von K.-H. Koch, 192 S., 12 Farbtafeln,
5 s/w-Fotos, kart. ●●●●

Computergrafik
Von den Grundlagen bis zum perfekten
3 D-Programm. (4319) Von A. Brück, 296 S.,
20 Farbtafeln, 180 s/w-Grafiken,
50 s/w- Zeichnungen, 83 Listings, Pappband.
●●●●●

**Textverarbeitung mit Home- und
Personal-Computern**
Systeme – Vergleiche – Anwendungen.
(4316) Von A. Görgens, 128 S., 49 s/w-Fotos,
kart. ●●●

Die tägliche PC-Praxis
Anwendungshilfen, Programme und Erweiterungen für MS-DOS-Computer.
(4322) Von A. Görgens, 224 S., 25 Abbildungen, kart. ●●●●

FALKEN PC PRAXIS
Desktop Publishing
Setzen und Drucken auf dem Schreibtisch.
(4323) Von A. Görgens, 120 S., 11 s/w-Fotos,
72 Zeichnungen, kart. ●●●

Maschinenschreiben
In 10 Tagen spielend gelernt. Von Unterrichtsmedien Hoppius. (7008) Diskette für den
C 64 und C 128 PC ●●●●*
(Best.-Nr. Ariolasoft: 72631)
(7009) für IBM + kompatible. ●●●●●*
(Best.-Nr. Ariolasoft: 78631)
(7010) für Schneider CPC 464, 664, 6128,
●●●●●*
(Best.-Nr. Ariolasoft: 74631)

Lernhilfen

Deutsch – Ihre neue Sprache.
Grundbuch (0327) Von H.-J. Demetz und
J. M. Puente, 204 S., mit über 200 Abb.,
kart. ●●

Maschinenschreiben für Kinder
(0274) Von H. Kaus, 48 S., farbige Abb., kart.
●

**So lernt man leicht und schnell
Maschinenschreiben**
Lehrbuch für Selbstunterricht und Kurse.
(0568) Von J. W. Wagner, 112 S., 31 s/w-
Fotos, 36 Zeichnungen, kart. ●●

**Maschinenschreiben durch
Selbstunterricht**
(0170) Von A. Fonfara, 84 S., kart. ●

Stenografie leicht gelernt
im Kursus oder Selbstunterricht. (0266) Von
H. Kaus, 64 S., kart. ●

Buchführung
leicht gefaßt. Ein Leitfaden für Handwerker
und Gewerbetreibende. (0127) Von R. Pohl.
104 S., kart. ●

Buchführung leicht gemacht
Ein methodischer Grundkurs für den Selbstunterricht. (4238) Von D. Machenheimer,
R. Kersten, 252 S., Pappband. ●●●

Schülerlexikon der Mathematik
Formeln, Übungen und Begriffserklärungen
für die Klassen 5–10. (0430) Von R. Müller,
176 S., 96 Zeichnungen, kart. ●

Mathematik verständlich
Zahlenbereiche Mengenlehre, Algebra,
Geometrie, Wahrscheinlichkeitsrechnung,
Kaufmännisches Rechnen. (4135) Von
R. Müller, 652 S., 10 s/w- und 109 Farbfotos,
802 farbige und 79 s/w-Zeichnungen, über
2500 Beispiele und Übungen mit Lösungen,
Pappband. ●●●●●

**Mathematische Formeln für Schule und
Beruf**
Mit Beispielen und Erklärungen. (0499) Von
R. Müller, 156 S., 210 Zeichnungen, kart. ●

Rechnen aufgefrischt
für Schule und Beruf. (0100) Von H. Rausch.
144 S., kart. ●

Mehr Erfolg in der Schule
Der Deutschaufsatz
Übungen und Beispiele für die Klassen 5 – 10.
(4271) Von K. Schreiner, 240 S., 4 s/w-Fotos,
51 Zeichnungen, Pappband. ●●●

Mehr Erfolg in Schule und Beruf
Besseres Deutsch
Mit Übungen und Beispielen für Rechtschreibung, Diktate, Zeichensetzung, Aufsätze,
Grammatik, Literaturbetrachtung, Stil,
Briefe, Fremdwörter, Reden. (4115) Von K.
Schreiner, 444 S.,
7 s/w-Fotos, 27 Zeichnungen, Pappband.
●●●

Richtiges Deutsch
Rechtschreibung · Zeichensetzung · Grammatik · Stilkunde. (0551) Von K. Schreiner,
128 S., 7 Zeichnungen, kart. ●

Diktate besser schreiben
Übungen zur Rechtschreibung für die Klassen
4–8. (0469) Von K. Schreiner, 152 S.,
31 Zeichnungen, kart. ●

Aufsätze besser schreiben
Förderkurs für die Klassen 4–10. (0429) Von
K. Schreiner, 144 S., 4 s/w-Fotos, 27 Zeichnungen, kart. ●

Deutsche Grammatik
Ein Lern- und Übungsbuch. (0704) Von
K. Schreiner, 112 S., kart. ●

Besseres Englisch
Grammatik und Übungen für die Klassen 5
bis 10. (0745) Von E. Henrichs, 144 S., ●●

The Grammar Master
Englische Grammatik üben und beherrschen.
(7002) Von Data Beutner. Diskette für den
C 64, C 128 (im 64er Modus) ●●●●*

Richtige Zeichensetzung
durch neue, vereinfachte Regeln. Erläuterungen der Zweifelsfragen anhand vieler
Beispiele. (0774) Von Prof. Dr. Ch. Stetter,
160 S., kart. ●

Richtige Groß- und Kleinschreibung
durch neue, vereinfachte Regeln. Erläuterungen der Zweifelsfragen anhand vieler Beispiele.
(0897) Von Prof. Dr. Ch. Stetter, 96 S., kart.
●

Die hier vorgestellten Bücher, Videokassetten und Software sind in folgende Preisgruppen unterteilt:

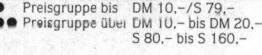 Preisgruppe bis DM 10,–/S 79,–
Preisgruppe über DM 10,– bis DM 20,–
S 80,– bis S 160,–

 Preisgruppe über DM 20,– bis DM 30,–
S 161,– bis S 240,–

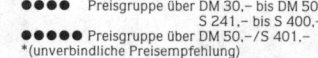 Preisgruppe über DM 30,– bis DM 50,–
S 241,– bis S 400,–
Preisgruppe über DM 50,–/S 401,–
*(unverbindliche Preisempfehlung)